COURS DE MATHÉMATIQUES ÉLÉMENTAIRES

ÉLÉMENTS

DE

COSMOGRAPHIE

PAR F. J. J.

Les cieux racontent la gloire du Créateur.

(Ps. XVIII.)

DEUXIÈME ÉDITION

CHEZ LES ÉDITEURS

TOURS
ALFRED MAME & FILS
Imprimeurs-Libraires

PARIS
POUSSIELGUE FRÈRES
Rue Cassette, 15

1886

ÉLÉMENTS

DE

COSMOGRAPHIE

Le Cours de Mathématiques élémentaires comprend les ouvrages suivants :

Livres de l'Élève :	Livres du Maître :
Éléments d'Arithmétique.	Exercices d'Arithmétique.
» d'Algèbre.	» d'Algèbre.
» de Géométrie.	» de Géométrie.
» de Trigonométrie.	» de Trigonométrie.
» d'Arpentage et de Nivellement.	— —
» de Géométrie descriptive.	» de Géométrie descriptive.
» de Cosmographie.	— —
» de Mécanique.	Problèmes de Mécanique.

TABLE DES MATIÈRES

Définitions 1

PREMIÈRE PARTIE

La Sphère céleste.

Chapitre I. — Coordonnées célestes

§ I

Mouvement apparent des étoiles. — Étoiles circompolaires. — Vertical. — Position d'un astre sur la sphère céleste. — Azimut. — Distance zénithale. — Hauteur. — Réfraction atmosphérique. — Correction de la distance zénithale apparente et de la hauteur apparente. — Théodolite. — Mesure de l'azimut et de la distance zénithale d'un astre. — Mouvement diurne. — Lois du mouvement diurne. — Axe du monde. — Pôles. — Équateur. — Parallèles. — Sens du mouvement diurne. — Équatorial 3

§ II

Méridiens célestes. — Méridienne. — Points cardinaux. — Rose des vents. — Passage d'un astre au méridien. — Culmination. — Jour sidéral. — Pendule sidérale. — Cercle horaire. — Angle horaire. — Origine du jour sidéral. — Calcul de l'heure sidérale. — Détermination de la méridienne et du plan méridien. — Gnomon. — Méthode des hauteurs correspondantes. — Boussole 10

§ III

Ascension droite. — Lunette méridienne. — Mesure de l'ascension droite. — Déclinaison. — Cercle mural. — Mesure de la distance zénithale et de la hauteur. — Hauteur du pôle. — Mesure de la déclinaison 15

Chapitre II. — Description du Ciel

Nombre des étoiles. — Classification des étoiles. — Constellations. — Recherche des principales constellations. — Étoiles de première grandeur. . 23

DEUXIÈME PARTIE

La Terre.

Chapitre I. — Forme de la Terre

§ I

Rondeur de la Terre. — Pôles. — Équateur. — Parallèles. Méridiens. — Premier méridien. — Position d'un point sur la sphère terrestre. — Longitude. — Détermination de la longitude. — Latitude. — Détermination de la latitude 30

§ II

Mesure d'un arc de méridien. — Triangulation. — Longueur de l'arc d'un degré. — La Terre est sensiblement un ellipsoïde. — Rayons terrestres. — Aplatissement de la Terre. — Mètre. — Antipodes 35

Chapitre II. — Représentation de la surface de la Terre

§ I

Globes terrestres 41

§ II

Cartes. — Projection orthographique. — Projection orthographique sur un méridien. — Projection orthographique sur l'équateur. — Avantages et inconvénients du système orthographique. — Projection stéréographique. — Projection stéréographique sur un méridien. — Construction d'un parallèle. — Construction d'un méridien. — Tracé des parallèles. — Tracé des méridiens. — Projection stéréographique sur l'équateur. — Tracé des méridiens. — Tracé des parallèles. — Avantages et inconvénients du système stéréographique 42

§ III

Développement cylindrique. — Loxodromie. — Projection de Mercator. . . 51

§ IV

Développement conique. — Construction d'une carte d'après ce système. — Avantages et inconvénients du développement conique. — Construction de la carte de France. — Avantages du système employé. 53

TROISIÈME PARTIE

Le Soleil.

Chapitre I. — Mouvement apparent du Soleil

§ I

Déplacement du Soleil parmi les étoiles. — Mesure de l'ascension droite et de la déclinaison du Soleil. — Variations de l'ascension droite et de la déclinaison. — Ecliptique. — Obliquité de l'écliptique. — Équinoxes. — Point vernal. — Solstices. — Axe de l'écliptique. — Tropiques. — Cercles polaires. — Zodiaque. — Position du point vernal. — Instant du passage du Soleil au point vernal. 57

§ II

Diamètre apparent d'un astre. — Mesure du diamètre apparent d'un astre. — Variations du diamètre apparent du Soleil. — Variations de la distance du Soleil à la Terre. — Le Soleil paraît décrire une ellipse dans le plan de l'écliptique. — Calcul de l'excentricité. — Périgée. — Apogée. — Ligne des apsides. — Vitesse angulaire du Soleil. — Principe des aires 61

Chapitre II. — Mesure du temps

§ I

Jour sidéral. — Jour solaire vrai. — Jour solaire moyen. — Durée du jour solaire moyen. — Origine du jour solaire moyen. — Équation du temps. — Année. — Saisons. — Inégale durée des saisons. 67

§ II

Calendrier. — Ère. — Année chez les différents peuples. — Réforme Julienne. — Erreur de l'année julienne. — Adoption du calendrier Julien par l'Eglise. — Réforme Grégorienne. — Adoption de la réforme Grégorienne. — Premier jour de l'année. — Mois. — Semaine. — Lettres dominicales. — Cycle solaire. 71

§ III

Cadrans solaires. — Diverses sortes de cadrans solaires. — Style. — Lignes horaires. — Cadran équinoxial. — Cadran horizontal et cadran vertical méridional. — Construction du cadran horizontal. — Construction du cadran vertical méridional. — Cadran vertical déclinant. 75

Chapitre III. — Inégalité des jours et des nuits

Le jour et la nuit. — Inégalité des jours et des nuits. — Tableau du jour le plus long à diverses latitudes. — Crépuscule. — Durée du crépuscule. — Effets de la réfraction atmosphérique. — Division de la Terre en zones. 83

Chapitre IV. — Distribution de la chaleur a la surface du globe

Principales causes qui font varier la chaleur à la surface de la Terre. — Variations quotidiennes de la température. — Variations annuelles de la température. — Distribution de la chaleur solaire à la surface de la Terre. — Distribution de la chaleur dans les deux hémisphères 90

CHAPITRE V. — ÉLÉMENTS ET CONSTITUTION DU SOLEIL. — PRÉCESSION DES ÉQUINOXES

§ I

Parallaxe d'un astre. — Distance du Soleil à la Terre. — Rayon, volume, masse et densité moyenne du Soleil. — Taches du Soleil. — Protubérances du Soleil. — Dimensions des taches et des protubérances du Soleil. — Distribution des taches sur le disque solaire. — Périodicité des taches et des protubérances. — Rotation du Soleil. — Constitution physique du Soleil. — Explication des taches. — Lumière zodiacale 93

§ II

Longitude et latitude célestes. — Précession des équinoxes. — Effets de la précession des équinoxes. — Découverte et cause de la précession des équinoxes. — Nutation de l'axe de la Terre 102

CHAPITRE VI. — MOUVEMENTS DE LA TERRE

§ I

Mouvement de rotation de la Terre. — Preuve par l'augmentation de l'intensité de la pesanteur de l'équateur aux pôles. — Pendule de Foucault. — Un corps qui tombe librement ne suit pas la direction de la verticale . . 107

§ II

Le mouvement du Soleil sur l'écliptique n'est qu'apparent. — Mouvement de la Terre autour du Soleil. — Aberration. — Périhélie. — Aphélie . . 111

QUATRIÈME PARTIE

La Lune.

CHAPITRE I. — PHASES ET MOUVEMENTS DE LA LUNE

§ I

Diamètre apparent de la Lune. — Mouvement propre de la Lune. — Nœuds. — Inclinaison de l'orbite lunaire. — Nutation de l'axe de la Lune. — Révolution sidérale. — Révolution tropique. — Révolution synodique. — Orbite de la Lune. — Cercle d'illumination. — Contour apparent. — Conjonction. — Opposition. — Quadrature. — Phases de la Lune. — Explication des phases de la Lune. — Syzygies. — Quadratures. — Octants. — Lumière cendrée 115

§ II

Taches de la Lune. — Rotation de la Lune. — Le jour et la nuit à la surface de la Lune. — Librations 122

§ III

Comput ecclésiastique. — Cycle de Méton. — Nombre d'or. — Différence entre la nouvelle Lune ecclésiastique et la nouvelle Lune astronomique. — Épacte. — Date de la nouvelle Lune. — Date de la fête de Pâques. — Fêtes mobiles 125

CHAPITRE II. — ÉLÉMENTS ET CONSTITUTION DE LA LUNE

§ I

Parallaxe de la Lune. — Relation entre la parallaxe de hauteur et la parallaxe horizontale. — Mesure de la parallaxe de la Lune. — Variations de la parallaxe. — Distance de la Lune à la Terre. — Rayon, volume, masse et densité de la Lune. — Pourquoi la Lune paraît plus grosse à l'horizon qu'à son passage au méridien 129

§ II

Montagnes de la Lune. — Forme, hauteur des montagnes de la Lune. — Absence d'air et d'eau à la surface de la Lune. — Plaines ou mers lunaires. — Absence de lumière diffuse à la surface de la Lune 133

Chapitre III. — Éclipses

§ I

Éclipses. — Éclipses de Lune. — Possibilité des éclipses totales de Lune. — Longueur du cône d'ombre. — Largeur du cône d'ombre. — Conditions pour qu'une éclipse de Lune ait lieu. — Effets de la réfraction atmosphérique. — Description d'une éclipse de Lune 137

§ II

Éclipses de Soleil. — Possibilité des éclipses totales de Soleil. — Éclipses annulaires. — Condition pour qu'une éclipse de Soleil ait lieu. — Description d'une éclipse de Soleil. — Fréquence des éclipses. — Retour des éclipses. — Période de Saros. — Utilité des éclipses dans la chronologie. 141

Chapitre IV. — Phénomène des Marées

Marées. — Flux et reflux. — Niveau moyen. — Causes des marées. — Action de la Lune. — Action du Soleil. — Causes qui tendent à modifier le phénomène des marées. — Établissement du port. 146

CINQUIÈME PARTIE

Les Planètes et les Comètes.

Chapitre I. — Généralités sur les Planètes

§ I

Planètes. — Nombre des planètes. — Satellites. — Planètes intérieures. — Planètes extérieures. 151

§ II

Lois de Képler. — Attraction universelle. — Perturbations réciproques occasionnées par les planètes dans leur mouvement elliptique. — La Terre est une planète. — Calcul de la quantité dont la Lune tombe sur la Terre en une seconde. 152

§ III

Conjonction. — Opposition. — Élongation. — Digression. — Nœuds. — Révolutions des planètes. — Éléments des planètes. — Loi de Bode 154

§ IV

Mouvement apparent des planètes. — Stations. — Rétrogradations. — Explication du mouvement apparent des planètes intérieures. — Explication du mouvement apparent des planètes extérieures. — Phases des planètes intérieures. — Phases des planètes extérieures 157

Chapitre II. — Détails particuliers sur chaque Planète

Mercure. — Vénus. — Passage de Vénus sur le Soleil. — Mesure de la parallaxe du Soleil. — Mars. — Planètes télescopiques. — Satellites de Jupiter. — Vitesse de la lumière. — Saturne. — Anneau de Saturne. — Uranus. — Neptune. — Découverte de Neptune. — Eléments physiques des planètes. 164

Chapitre III. — Comètes et Étoiles filantes

Comètes. — Orbites des comètes. — Petitesse de la masse des comètes. — Comètes périodiques. — Comète de Halley. — Comète d'Encke, comète à courte période. — Comète de Gambart ou de Biéla. — Comète de Faye. — Étoiles filantes. — Bolides. — Aérolithes. 177

SIXIÈME PARTIE

Généralités sur les Étoiles et les Nébuleuses.

Parallaxe annuelle des étoiles. — Distance des étoiles à la Terre. — Lumière, couleur des étoiles. — Étoiles multiples. — Étoiles variables. — Etoiles temporaires. — Mouvement propre des étoiles. — Nébuleuses. — Voie lactée. 184

Alphabet grec 192

ÉLÉMENTS

DE

COSMOGRAPHIE

DÉFINITIONS

1. La *Cosmographie*[1] a pour objet la description de l'*univers*.

2. Par *univers*, on entend la Terre et les corps célestes.

3. Bien que les astres ne soient pas également éloignés de nous, ils paraissent comme fixés sur une immense voûte sphérique appelée *sphère céleste* et dont nous occupons le centre.

4. On appelle *distance angulaire* de deux astres l'angle formé par les rayons qui partent de l'œil de l'observateur et aboutissent à ces astres.

Cet angle est mesuré par l'arc de grand cercle qui joint ces deux points sur la sphère céleste.

5. La *verticale*[2] d'un lieu est la direction du fil à plomb en ce lieu. Cette direction est normale à la surface des eaux tranquilles.

6. Le *zénith*[3] est le point où la verticale rencontre la sphère céleste au-dessus de nos têtes.

7. Le *nadir*[4] est le point où la verticale rencontre la sphère céleste sous nos pieds.

---

[1] De deux mots grecs signifiant *description de l'univers*.
[2] Du latin *vertex, sommet*.
[3] D'un mot arabe qui signifie *point*.
[4] D'un mot arabe qui signifie *regarder, être vis-à-vis*.

8. On appelle *horizon*[1] *rationnel* d'un lieu le plan qui, passant par le centre de la Terre, est perpendiculaire à la verticale de ce lieu.

9. L'*horizon visuel* d'un lieu est le plan horizontal passant par l'œil de l'observateur.

10. L'*horizon physique* ou sensible est la ligne qui semble séparer le ciel d'avec la Terre.

11. On appelle *points cardinaux* des points qui divisent l'horizon en quatre parties égales. Ces points sont : le *Nord*, le *Sud*, l'*Est* et l'*Ouest*.

Si l'on se tourne du côté où le Soleil se lève, on a l'Est devant soi, l'Ouest derrière, le Sud à droite et le Nord à gauche[2].

L'Est se nomme encore *Orient* ou *Levant;* l'Ouest, *Occident* ou *Couchant;* le Sud, *Midi*, et le Nord, *Septentrion*.

12. *S'orienter*, c'est reconnaître la position des points cardinaux.

---

[1] Du grec, *je termine*.

[2] Une définition et une détermination plus précise des points cardinaux seront données au n° 35.

PREMIÈRE PARTIE

LA SPHÈRE CÉLESTE

CHAPITRE I

COORDONNÉES CÉLESTES

---

§ I

Mouvement apparent des étoiles. — Étoiles circompolaires. — Vertical. — Position d'un astre sur la sphère céleste. — Azimut. — Distance zénithale. — Hauteur. — Réfraction atmosphérique. — Correction à la distance zénithale apparente et à la hauteur apparente. — Théodolite. — Mesure de l'azimut et de la distance zénithale d'un astre. — Mouvement diurne. — Lois du mouvement diurne. — Axe du monde. — Pôles. — Équateur. — Parallèles. — Sens du mouvement diurne. — Équatorial.

13. **Mouvement apparent des étoiles.** — En contemplant les étoiles par une belle nuit, on les voit paraître à l'orient, s'élever au-dessus de l'horizon et disparaître à l'occident.

Vers le sud, on en remarque qui s'élèvent très peu au-dessus de l'horizon et dont le coucher suit de très près le lever.

Du côté du nord, elles décrivent des cercles d'autant plus petits qu'elles sont plus rapprochées d'un point du ciel où se trouve une étoile qui paraît immobile et qu'on appelle *étoile polaire*.

Pendant le jour, la lumière du Soleil rend les étoiles invisibles; cependant on peut encore les observer au moyen de fortes lunettes et constater que les choses se passent comme pendant la nuit.

Il est également facile de se convaincre que les étoiles conservent entre elles les mêmes positions relatives, c'est-à-dire les mêmes distances angulaires.

14. **Étoiles circompolaires.** — On appelle *étoiles circompo-*

laires [1] des étoiles qui demeurent constamment au-dessus de l'horizon.

15. **Vertical.** — On appelle *vertical* d'un lieu tout plan qui passe par la verticale de ce lieu.

Parmi tous les verticaux d'un lieu, on en choisit un qu'on appelle *premier vertical* auquel on rapporte tous les autres.

16. **Position d'un astre sur la sphère céleste.** — Pour fixer la position d'un astre sur la sphère céleste, on peut se servir de l'*azimut* et de la *distance zénithale.*

17. **Azimut.** — L'*azimut* est l'angle dièdre que fait un vertical quelconque avec le premier vertical.

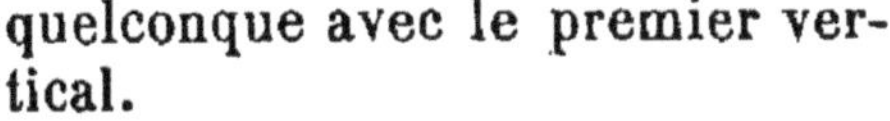

Fig. 1.

Les azimuts se mesurent sur l'horizon dans le sens SONE (fig. 1); ils varient de 0° à 360°.

Si ZSZ'N est le premier vertical, l'azimut d'un astre A est l'angle STE, mesuré par l'arc SOE.

18. **Distance zénithale.** — La *distance zénithale* d'un astre est l'angle de la verticale avec la droite qui joint l'œil de l'observateur à l'astre.

La distance zénithale est mesurée par l'arc du vertical de l'astre compris entre cet astre et le zénith.

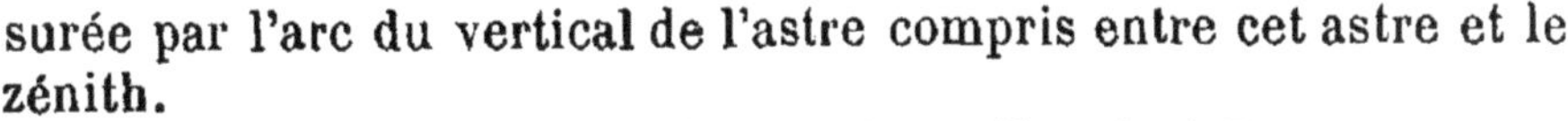

La distance zénithale de l'astre A est l'angle ATZ mesuré par l'arc AZ.

19. **Hauteur.** — La *hauteur* d'un astre est l'angle de l'horizon avec la droite qui joint l'astre à l'œil de l'observateur.

La hauteur de l'astre A est l'angle ATE mesuré par l'arc AE.

20. **Réfraction atmosphérique.** — On sait que les rayons lumineux sont déviés lorsqu'ils passent obliquement d'un milieu dans un autre de réfrangibilité différente.

L'atmosphère peut être considérée comme composée d'une infinité de couches superposées par ordre de densité décroissant de bas en haut.

---

1 Du latin *circum,* autour; *polus,* pôle.

Soit le rayon lumineux A*a* partant d'un astre A (fig. 2). En traversant l'atmosphère, il subit des déviations successives *a a' a''* et arrive à l'œil suivant la direction *a''*B.

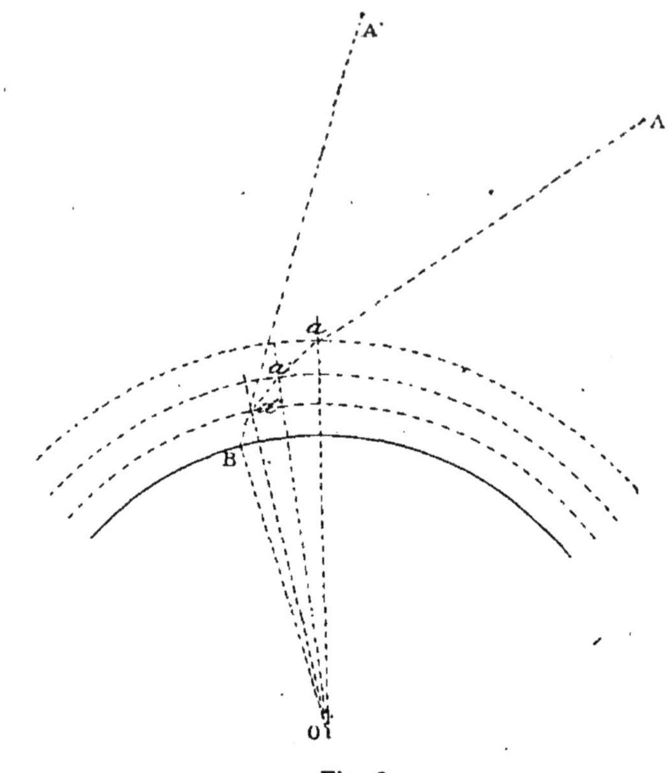

Fig. 2.

L'observateur voit l'astre en A' dans la direction B*a''*.

L'angle ABA' est la *réfraction atmosphérique.*

Les hauteurs et les distances zénithales observées se nomment *hauteur apparente* et *distance zénithale apparente.*

La réfraction atmosphérique diminue avec la hauteur apparente de l'astre ; elle est encore variable avec l'état de l'atmosphère.

Voici, d'après la *Connaissance des Temps*[1], une table des

---

[1] Publication astronomique annuelle qui paraît depuis 1679. En 1795, lors de son institution, le Bureau des longitudes fut chargé de rédiger la *Connaissance des Temps.* — Les savants qui font partie du Bureau des longitudes rédigent aussi chaque année l'*Annuaire du Bureau des longitudes*, dans lequel on trouve beaucoup de renseignements très utiles.

réfractions atmosphériques, la pression atmosphérique étant de 0 m 76, et la température 10 degrés centigrades au-dessus de zéro.

Hauteur apparente.	RÉFRACTIONS	Hauteur apparente.	RÉFRACTIONS	Hauteur apparente.	RÉFRACTIONS
0°	33′47″,9	40°	1′ 9″,4	80°	0′10″,3
10°	5′20″,0	50°	0′48″,9	90°	0′ 0″,0
20°	2′38″,9	60°	0′33″,7		
30°	1′40″,7	70°	0′21″,2		

Pour mesurer l'azimut et la distance zénithale d'un astre, on se sert du théodolite.

21. **Correction de la distance zénithale apparente et de la hauteur apparente.** — Pour avoir la distance zénithale vraie, on ajoute la réfraction atmosphérique à la distance zénithale apparente.

22. **Théodolite.** — Le *théodolite* se compose essentiellement

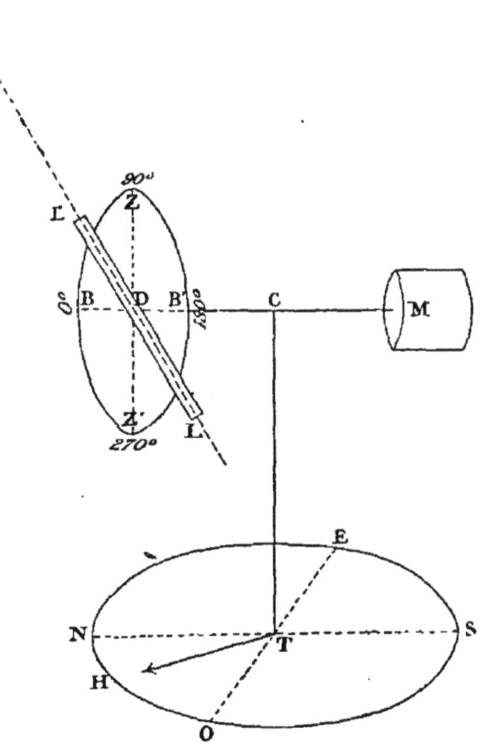

Fig. 3.

d'un cercle fixe SONE (fig. 3 et 4) horizontal et gradué appelé cercle azimutal; au centre de ce cercle s'élève un axe vertical TC.

Un cercle vertical ZBZ′B′ peut tourner autour de l'axe horizontal DC, et celui-ci autour de l'axe vertical, en entraînant dans son mouvement le cercle ZBZ′B′ et l'alidade TH qui se meut sur le

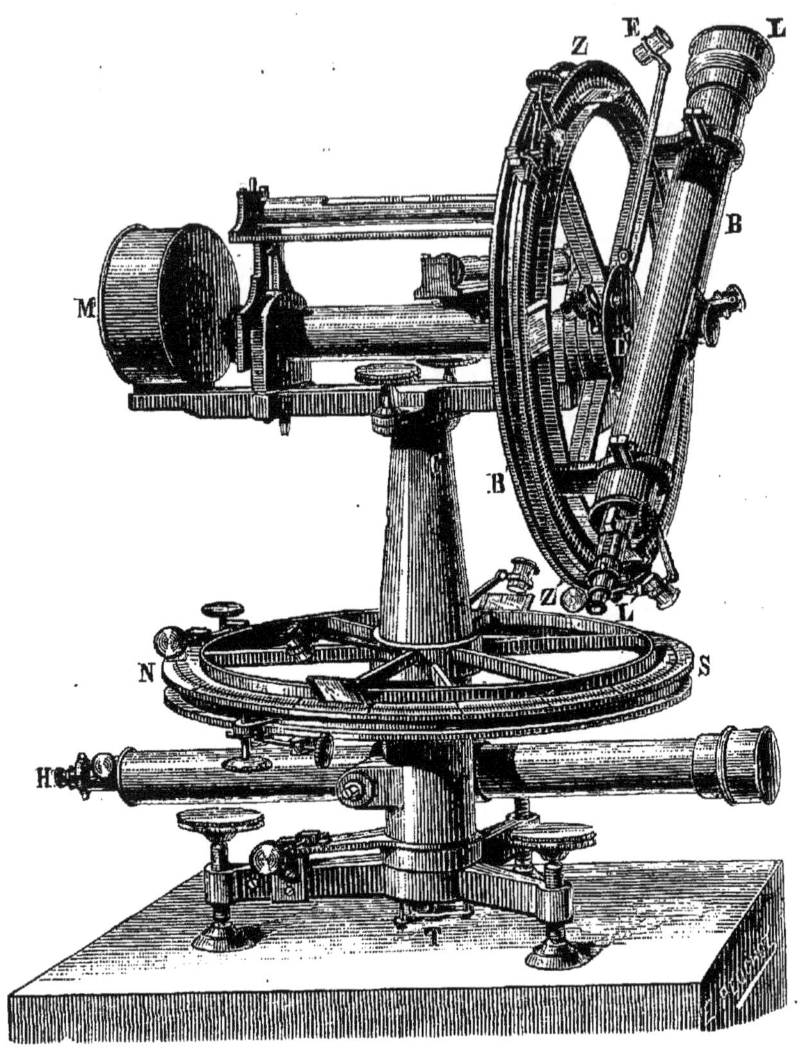

Fig. 4.

cercle SONE. Enfin, une lunette astronomique LL′ tourne dans le cercle vertical autour de l'axe CD. La masse M sert de contrepoids.

23. **Mesure de l'azimut et de la distance zénithale d'un astre.** — Pour mesurer l'azimut d'un astre, on dirige la lunette vers l'astre,

puis on l'amène dans le premier vertical. La différence des lectures sur le cercle horizontal donne l'azimut cherché.

Pour connaître la distance zénithale d'un astre, on lit l'angle que fait l'axe de la lunette avec la verticale.

Pour plus de précision, on vise d'abord l'astre ; et, au moyen d'une vis de pression, on fixe la lunette LL' (fig. 5) ; on fait ensuite décrire une

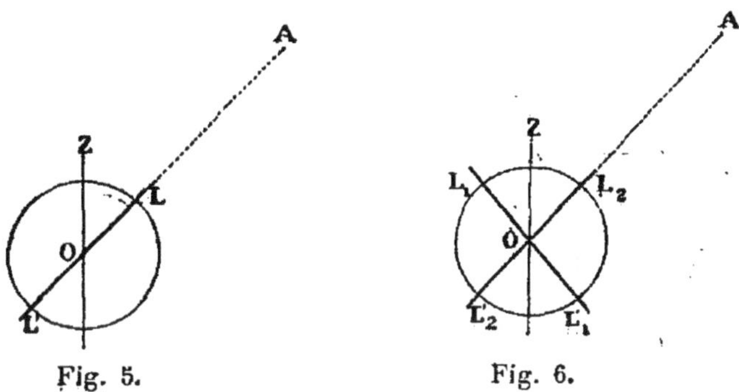

Fig. 5. Fig. 6.

demi-révolution au cercle vertical, et la lunette LL' prend la position $L_1L'_1$ (fig. 6) ; on desserre alors la vis de pression et on dirige de nouveau la lunette vers l'astre, elle vient en L'_2L_2. L'angle L_1OL_2 est égal au double de la distance zénithale apparente.

24. **Remarque.** Le cercle ZBZ'B' se trouvant à une certaine distance de l'axe vertical TC, les résultats ne sont pas parfaitement exacts ; mais l'erreur est négligeable, parce que l'axe horizontal DC est très petit relativement à la distance des astres.

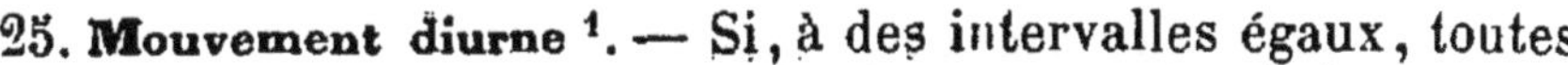

25. **Mouvement diurne** [1]. — Si, à des intervalles égaux, toutes les heures, par exemple, on mesure la distance zénithale et l'azimut d'un astre, et si l'on porte les azimuts sur l'horizon et les hauteurs sur les verticaux correspondants, on obtient des points A, A', A''... (fig. 7). On remarque que ces points appartiennent à une même circonférence et que les arcs AA', A'A''... sont égaux.

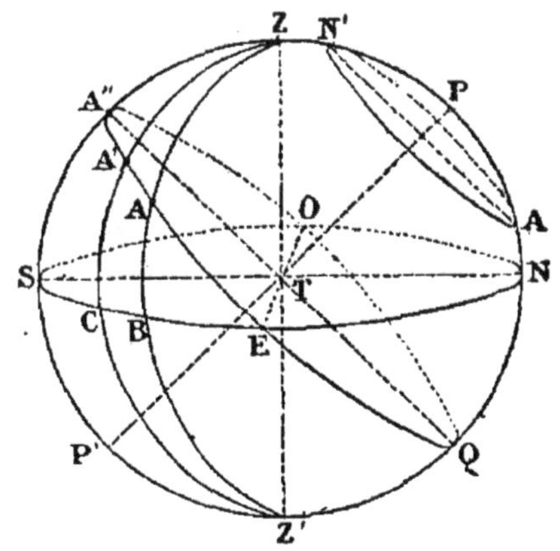

Fig. 7.

On voit par là que l'astre décrit, d'un mouvement uniforme, un cercle entier de la sphère céleste en 24 heures.

Les mêmes observations appliquées aux autres étoiles font voir

[1] Du latin *dies*, jour ; *diurnus*, journalier.

en outre qu'elles décrivent pendant le même temps des cercles parallèles entre eux.

Il résulte de ce qui précède que les étoiles se meuvent comme si elles étaient fixées à la surface d'une sphère immense dont la Terre occupe le centre, cette sphère tournant autour de l'un de ses diamètres comme axe.

Le mouvement de la sphère céleste se nomme *mouvement diurne.*

26. **Lois du mouvement diurne.**

Le mouvement des étoiles est :

1° *Circulaire,* c'est-à-dire qu'elles décrivent des cercles.

2° *Uniforme;* elles décrivent des arcs égaux en des temps égaux.

3° *Isochrone,* toutes les étoiles mettent le même temps pour effectuer une révolution complète.

4° *Parallèle,* les cercles décrits sont tous parallèles entre eux.

27. **Axe du monde.** — On appelle *axe du monde* la droite autour de laquelle paraît s'effectuer le mouvement diurne.

28. **Pôles.** — Les *pôles* [1] sont les extrémités de l'axe du monde. Le pôle *boréal* [2] ou *arctique* [3] est au-dessus de notre horizon et le pôle *austral* [4] ou *antarctique* [5] au-dessous.

29. **Équateur céleste.** — L'*équateur* [6] *céleste* est le grand cercle de la sphère céleste dont le plan est perpendiculaire à l'axe du monde. Il divise la sphère céleste en deux *hémisphères :* l'hémisphère *boréal* ou *arctique,* et l'hémisphère *austral* ou *antarctique.*

30. **Parallèles.** — On appelle *parallèles* les cercles de la sphère céleste parallèles à l'équateur.

Dans le mouvement diurne, les étoiles décrivent des parallèles.

31. **Sens du mouvement diurne.** — Un observateur qui serait placé le long de l'axe du monde, la tête du côté du pôle nord, verrait les étoiles tourner de gauche à droite. Ce mouvement est dit *rétrograde;* le mouvement contraire est appelé *direct.* Ainsi les expressions *de droite à gauche, d'occident en orient, sens*

---

1 Du grec, *tourner.*
2 De *Borée,* dieu du vent du nord.
3 D'un mot grec qui signifie *ourse.*
4 Du latin *auster,* vent du midi.
5 D'une expression grecque qui signifie *opposé à l'ourse.*
6 Du latin *æquare,* rendre égal.

direct, sont synonymes, aussi bien que *de gauche à droite*, *d'orient en occident*, *sens rétrograde*.

32. **Équatorial.** — L'équatorial est un instrument qui sert à suivre les étoiles dans leur mouvement diurne.

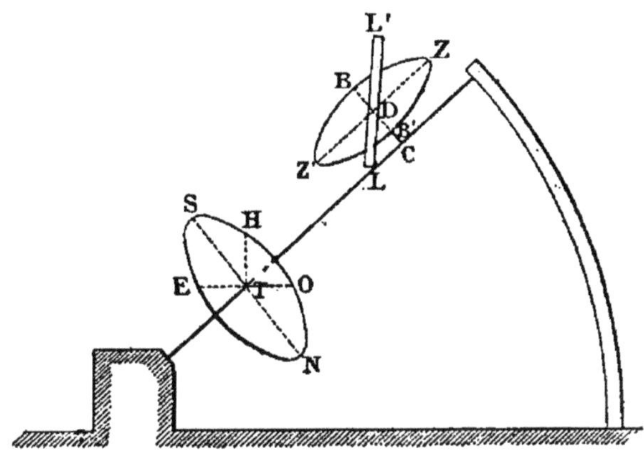

Fig. 8.

Il diffère du théodolite en ce que l'axe TC (fig. 8), au lieu d'être vertical, est dirigé suivant l'axe du monde. Le cercle SONE est alors dans le plan de l'équateur; le cercle ZBZ'B' peut se placer dans un méridien quelconque.

Si, avec la lunette LL', on vise une étoile pendant qu'un mouvement d'horlogerie fait tourner uniformément l'appareil dans le sens rétrograde d'un tour entier en 24 heures sidérales (nº 37), l'étoile reste dans le champ de la lunette.

On a ainsi une vérification des lois du mouvement diurne.

§ II

Méridiens célestes. — Méridienne. — Points cardinaux. — Rose des vents. — Passage d'un astre au méridien. — Culmination. — Jour sidéral. — Pendule sidérale. — Cercle horaire. — Angle horaire. — Origine du jour sidéral. — Calcul de l'heure sidérale. — Détermination de la méridienne et du plan méridien. — Gnomon. — Méthode des hauteurs correspondantes. — Boussole.

33. **Méridiens célestes.** — On appelle *méridien*[1] céleste tout grand cercle de la sphère céleste qui passe par les pôles.

---

[1] Du latin *meridies,* milieu du jour.

Les grands cercles PQP'Q', PMP' (fig. 9) sont des méridiens.

Le méridien dont le plan passe par le lieu d'observation a une importance particulière ; on le désigne sous le nom de *plan méridien*, ou *méridien du lieu*.

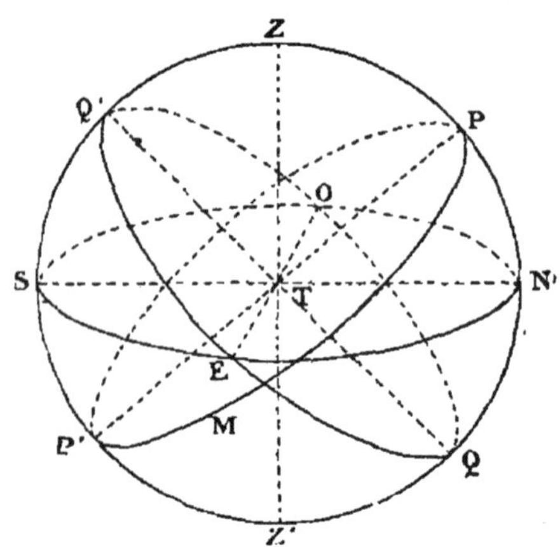

Fig. 9.

L'axe du monde PP', diamètre commun de tous les méridiens, contient les centres de l'horizon SEN, de l'équateur QEQ' et de tous les parallèles ; donc un méridien quelconque divise chacun de ces cercles en deux parties égales. Les méridiens sont tous perpendiculaires à l'équateur et aux parallèles; mais le méridien du lieu PQP'Q', passant par la verticale TZ, est, de plus, perpendiculaire à l'horizon.

34. **Méridienne.** — On appelle *méridienne* l'intersection du plan méridien avec l'horizon.

Sur la figure 9, la droite NTS représente la méridienne d'un lieu placé sur le méridien PZP'Z'.

35. **Points cardinaux. — Rose des vents.** — L'intersection NS (fig. 10) de l'horizon et du méridien donne la ligne du nord-sud (méridienne).

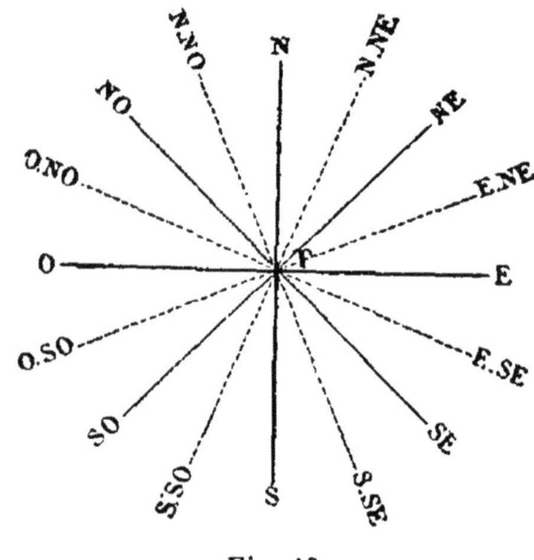

Fig. 10.

L'intersection de l'horizon et de l'équateur donne la ligne est-ouest, EO., perpendiculaire à NS.

Les bissectrices des angles NTE, ETS... indiquent les directions intermédiaires : nord-est, NE.; sud-est, SE... Les bissectrices des nouveaux angles donnent les directions : N.NE. ou nord-nord-est; E.NE. ou est-nord-est...

D'autres bissectrices détermineraient N. $\frac{1}{4}$ NE., NE. $\frac{1}{4}$ E., et ainsi de suite.

L'ensemble de ces directions, qu'on appelle *rumbs*, forme la *rose des vents.*

36. **Passage d'un astre au méridien. — Culmination.** — Dans leur mouvement diurne, les étoiles passent deux fois dans le plan méridien. Ces deux passages se désignent sous les noms de *passage supérieur* ou *culmination* [1] et de *passage inférieur.*

37. **Jour sidéral.** — Le *jour sidéral* [2] est le temps qui s'écoule entre deux passages supérieurs consécutifs d'une étoile quelconque au même méridien.

Cette durée étant invariable, les astronomes l'ont choisie pour unité de temps.

Le jour sidéral se divise en 24 heures sidérales; l'heure, en 60 minutes sidérales, et la minute, en 60 secondes sidérales.

38. **Pendule sidérale.** — On appelle *pendule sidérale* une pendule dont le cadran est parcouru par l'aiguille en 24 heures sidérales. Les heures y sont marquées de 0 à 24.

39. **Cercle horaire. — Angle horaire.** — On appelle *cercle horaire* d'un astre le méridien céleste qui passe par cet astre.

Fig. 11.

Le méridien PAP′ (fig. 11) est le cercle horaire de l'astre A.

L'*angle horaire* d'un astre est l'angle que fait le cercle horaire de cet astre avec le méridien du lieu.

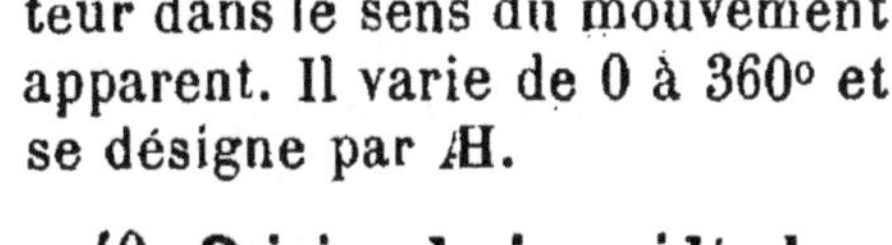

Cet angle se lit sur l'équateur dans le sens du mouvement apparent. Il varie de 0 à 360° et se désigne par Æ.

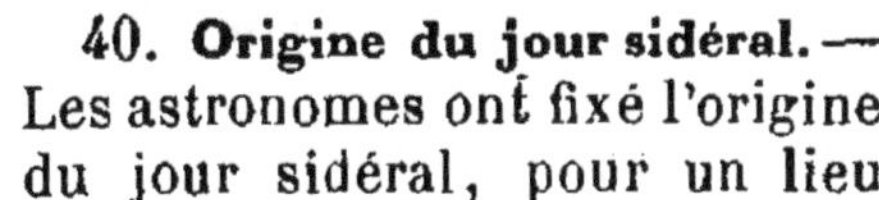

40. **Origine du jour sidéral.** — Les astronomes ont fixé l'origine du jour sidéral, pour un lieu quelconque, à l'instant où le cercle horaire du point équinoxial du printemps passe au méridien du lieu.

Ce point, connu aussi sous le nom de *point vernal,* se désigne par ♈ (n° 121.)

41. **Calcul de l'heure sidérale.** — Au moment du passage su-

---

[1] Du latin *culmen*, sommet.

[2] Du latin *sidera*, astres.

périeur du point vernal au méridien, il est 0 heure, 0 minute, 0 seconde.

L'angle horaire d'un point de la sphère céleste, augmentant de $\frac{360^\circ}{24}$ ou de 15° par heure, on peut calculer l'heure sidérale, si l'on connaît l'angle horaire du point vernal.

Soit à calculer l'heure sidérale lorsque l'angle horaire est 25° 7′ 30″.

On a la proportion : $\frac{x}{24} = \frac{25^\circ 7' 30''}{360^\circ}$,

d'où $x = 1^h 40^m 30^s$.

Si l'heure était donnée, on calculerait l'angle horaire d'une manière analogue.

42. **Détermination de la méridienne et du plan méridien.** — On détermine la méridienne et le plan méridien avec le *gnomon*, avec le *théodolite* ou avec la *boussole*.

43. **Gnomon.** — On appelle *gnomon* [1] une tige verticale fixée sur un plan horizontal.

C'est le premier instrument dont les hommes se sont servis pour déterminer la méridienne et mesurer la hauteur du Soleil. Les anciens remplaçaient quelquefois la tige verticale par une pyramide ou un obélisque.

Pour déterminer la méridienne, on trace sur un plan horizontal plusieurs circonférences concentriques au centre desquelles on fixe la tige verticale ou gnomon (fig. 12). On marque les points A, A′; B, B′,... où l'extrémité de l'ombre de cette tige rencontre chacune de ces circonférences avant et après midi. La méridienne est la bissectrice commune des angles ACA′, BCB′...

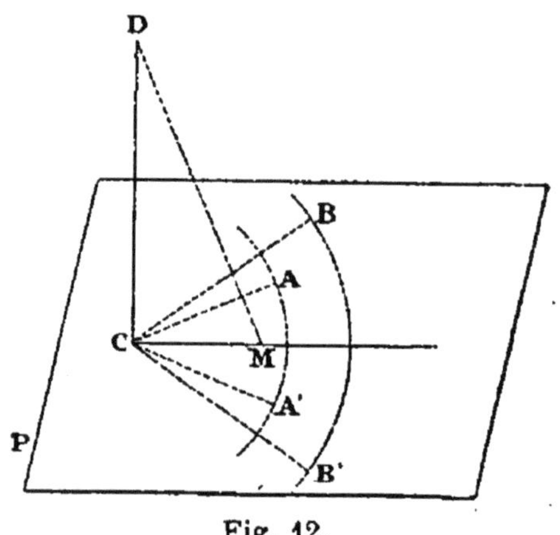

Fig. 12.

Le plan méridien est déterminé par la tige verticale et la méridienne CM.

C'est à midi que l'ombre du gnomon est la plus courte. Si M en

---

[1] Mot grec qui veut dire *indicateur*.

est l'extrémité, l'angle CMD est la hauteur apparente du Soleil à midi.

44. **Méthode des hauteurs correspondantes.** — On peut déterminer d'une manière plus précise la méridienne et le plan méridien au moyen du théodolite.

On vise un astre A (fig. 13) lorsqu'il se trouve à une certaine

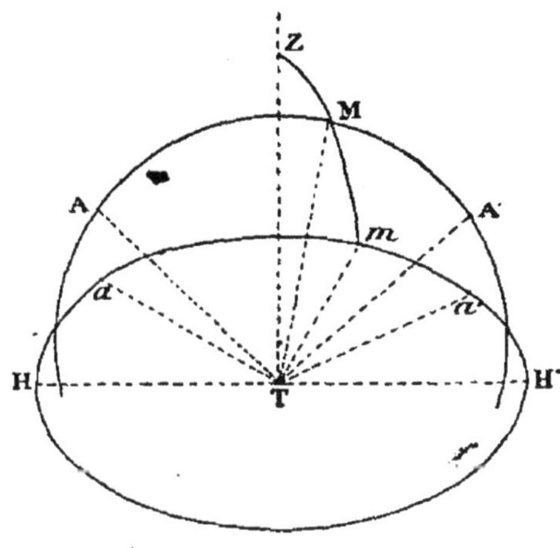

Fig. 13.

hauteur au-dessus de l'horizon HH'. On lit la graduation *a* sur le cercle horizontal et l'on fixe la lunette au cercle vertical.

L'astre observé décrivant le parallèle AMA', s'élèvera au-dessus de l'horizon jusqu'à une certaine hauteur, pour redescendre ensuite.

On fait tourner le cercle vertical et l'on attend que l'astre observé se retrouve sur l'axe de la lunette, en A', par exemple.

On lit la graduation *a'* marquée sur le cercle horizontal et l'on a ainsi des positions symétriques A et A' d'un astre par rapport au plan méridien.

L'angle ATA' se projette sur l'horizon suivant *a*T*a'*. La bissectrice T*m* de ce dernier angle est la méridienne cherchée.

45. **Boussole.** — On sait que l'aiguille aimantée dirige constamment l'une de ses pointes vers le nord.

On appelle *méridien magnétique* le plan vertical qui passe par la direction de la boussole.

La *déclinaison* pour un lieu donné est l'angle du méridien magnétique avec le méridien du lieu.

Actuellement, la déclinaison ACN (fig. 14) est occidentale pour Paris, et égale à 16° environ.

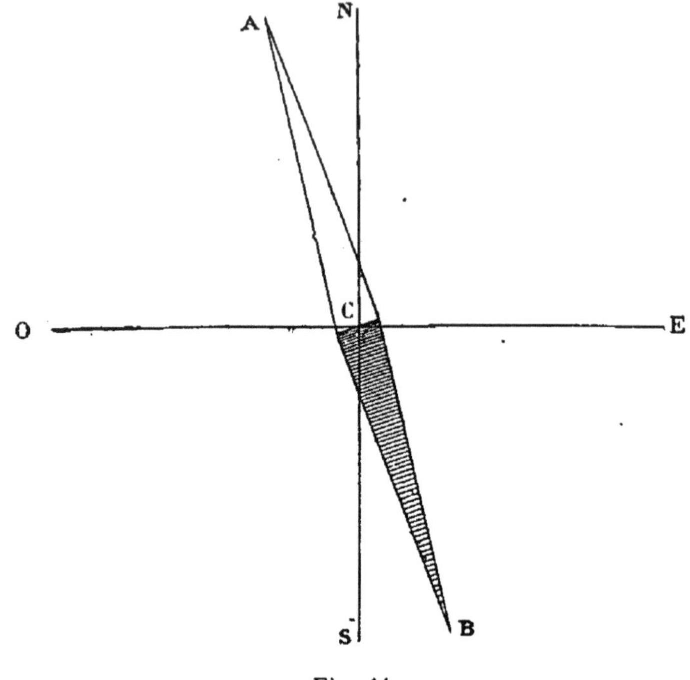

Fig. 14.

La déclinaison étant connue, on en déduit la direction de la méridienne.

§ III

Ascension droite. — Lunette méridienne. — Mesure de l'ascension droite. — Déclinaison. — Cercle mural. — Mesure de la distance zénithale et de la hauteur. — Hauteur du pôle. — Mesure de la déclinaison.

46. L'azimut et la distance zénithale ayant l'inconvénient de varier avec les lieux et avec les temps, pour fixer la position d'un astre on a adopté deux autres coordonnées : l'*ascension droite* et la *déclinaison*.

47. **Ascension droite.** — L'*ascension droite* d'un astre est l'angle dièdre formé par le cercle horaire de cet astre et le cercle horaire du *point vernal* (n° 121).

Cet angle a pour mesure l'arc de l'équateur céleste compris entre le point vernal et le cercle horaire de l'astre.

L'ascension droite se compte à droite, c'est-à-dire dans le sens

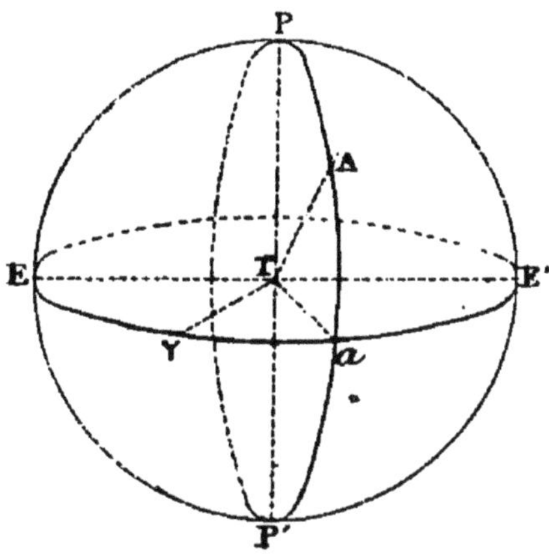

Fig. 15.

direct. Elle varie de 0° à 360°; on la désigne par le symbole Æ (*ascensio recta*).

Si ♈ (fig. 15) est le point vernal, l'ascension droite de l'astre A est l'angle ♈T*a* mesuré par l'arc ♈*a*.

Pour trouver l'ascension droite d'un astre, on se sert de la *lunette méridienne.*

48. **Lunette méridienne.** — La *lunette méridienne* ou *instrument des passages* se compose d'une lunette LL' (fig. 16), mobile autour d'un axe horizontal AA', dont les tourillons reposent sur deux coussinets solidement fixés à deux massifs M et M' en maçonnerie. L'axe optique LL' de la lunette se meut dans le plan méridien.

Au point où se forme l'image, se trouve un réticule composé d'un certain nombre de fils verticaux, dont l'un *aa'* (fig. 17) passe par le centre. Les autres sont, deux à deux, également éloignés du premier. Tous ces fils sont croisés horizontalement par deux autres, équidistants du centre.

La lunette méridienne est accompagnée d'une pendule sidérale.

49. Pour régler cet instrument on s'assure :

1° Que l'axe AA' est horizontal;

2° Que l'axe optique de la lunette LL' est perpendiculaire à AA';

3° Que le plan de visée se confond avec le méridien.

Pour vérifier l'horizontalité de l'axe, on se sert du niveau.

Pour s'assurer que l'axe optique de la lunette est perpendiculaire à l'axe de rotation, on dispose, à peu près parallèlement à AA' et à une assez grande distance, une règle graduée; on vise cette règle et l'on remarque la division qui correspond au croisement des fils. En

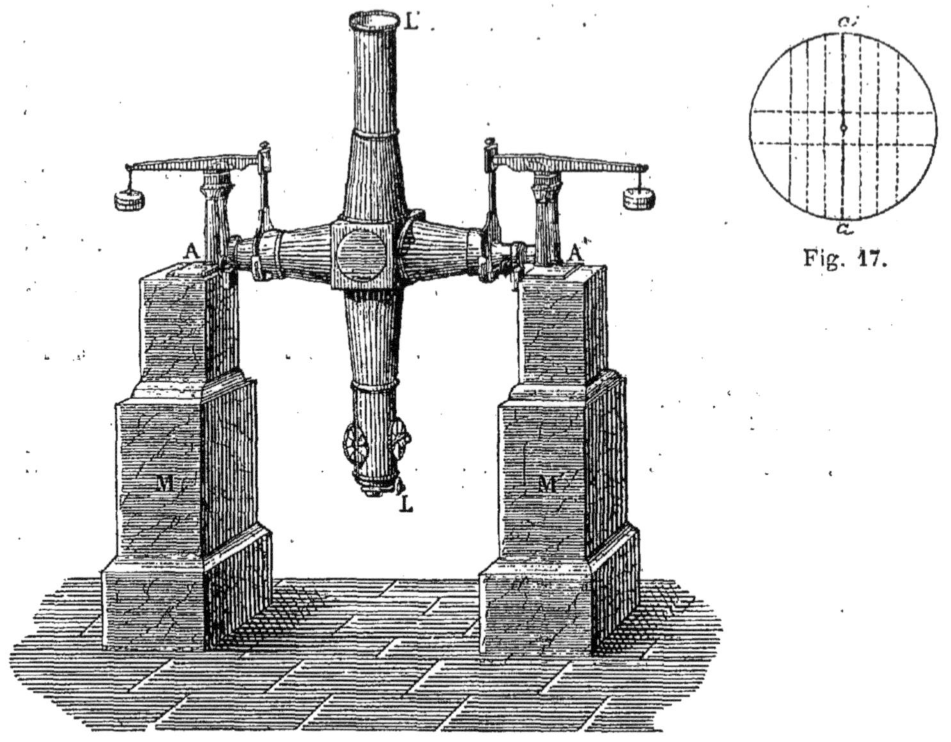

Fig. 17.

Fig. 16.

retournant l'axe AA' bout pour bout, on doit rencontrer la même division, si l'axe optique LL' est perpendiculaire à l'axe de rotation AA'.

On s'assure que le plan de visée de la lunette se confond avec le plan méridien en visant une étoile circompolaire. On marque l'heure des passages supérieur et inférieur. Le temps qui sépare deux passages consécutifs doit être constamment égal à 12 heures sidérales.

50. **Mesure de l'ascension droite.** — Pour obtenir l'ascension droite d'un astre, on détermine l'heure sidérale de son passage au méridien.

Pour cela, on note l'heure où l'astre passe derrière chacun des fils du réticule de la lunette méridienne. La moyenne arithmétique des heures obtenues donne l'instant du passage au méridien.

En convertissant l'heure trouvée en degrés, minutes et secondes (n° 41), on obtient l'ascension droite.

Ainsi, l'ascension droite d'un astre qui passe au méridien à $4^h\ 20^m\ 3^s$ est $65^\circ\ 0'\ 45''$.

51. **Déclinaison.** — La *déclinaison* d'un astre est l'angle que fait avec le plan de l'équateur le rayon visuel mené à cet astre.

Cet angle a pour mesure l'arc de cercle horaire compris entre l'astre et l'équateur.

La déclinaison se compte de l'équateur aux pôles; elle varie de 0° à 90°. Elle est boréale ou australe selon que l'astre est dans l'hémisphère boréal ou dans l'hémisphère austral; dans le premier cas elle est dite positive, et, dans le second, négative. On la désigne par D.

La déclinaison de l'astre A (fig. 15) est l'angle *a*TA mesuré par l'arc *a*A.

On détermine la déclinaison au moyen du cercle mural.

52. **Cercle mural.** — Le *cercle mural* se compose d'un cercle CZ

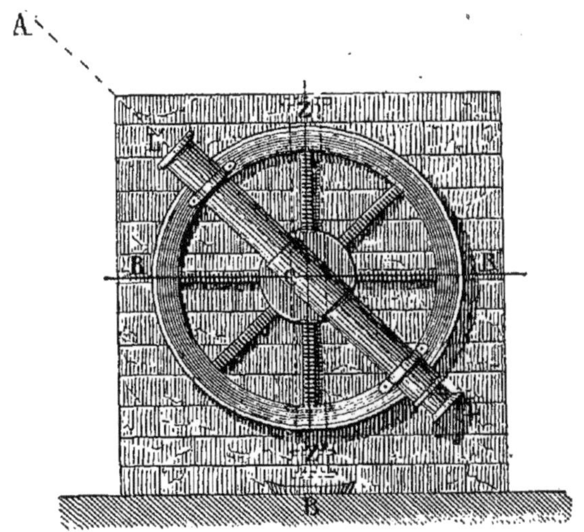

Fig. 18.

(fig. 18), dont la graduation est marquée sur la tranche, et qui peut se mouvoir autour d'un axe C, perpendiculaire au plan méridien; cet axe est solidement scellé à un support en maçonnerie.

Suivant un des diamètres de ce cercle, on a fixé une lunette astronomique, qui se meut avec lui, et dont l'axe optique décrit le plan méridien.

Un micromètre R fixé à la maçonnerie permet de lire la graduation.

53. **Mesure de la distance zénithale et de la hauteur.** — On place la lunette verticalement et on note la division indiquée par le micromètre. On fait ensuite tourner le cercle de manière à viser l'étoile A au moment de son passage, et on lit la division correspondante. La différence des deux lectures donne la distance zénithale. Le complément de cet angle est la hauteur de l'astre.

54. **Hauteur du pôle.** — La *hauteur du pôle* pour un lieu quelconque est l'arc du méridien de ce lieu compris entre le pôle et l'horizon.

Pour trouver la hauteur du pôle au moyen du cercle mural, on observe une étoile circompolaire A, dont on marque la hauteur à son passage supérieur et à son passage inférieur au méridien. La moyenne arithmétique de ces deux angles donne la hauteur du pôle.

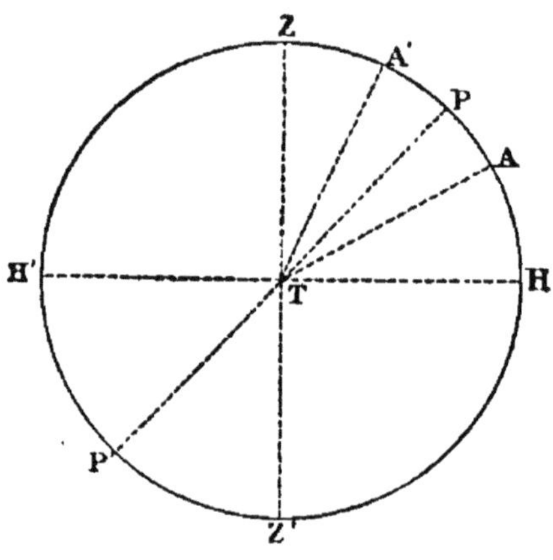

Fig. 19.

En effet, soient ZHZ'H' (fig. 19) le plan méridien, HH' la trace de l'horizon sur ce plan, A'H et AH les deux hauteurs observées; on a :

$$HP = HA + AP;$$
$$HP = HA' - A'P;$$

mais
$$AP = A'P:$$

donc
$$2HP = HA + HA';$$

et
$$HP = \frac{HA + HA'}{2}.$$

Au lieu de mesurer les arcs HA et HA', on préfère mesurer leurs compléments, c'est-à-dire les distances zénithales.

A l'observatoire de Paris, la hauteur du pôle est de 48° 50' 49''.

55. **Mesure de la déclinaison.** — La *déclinaison* d'un astre égale le complément de la distance polaire de l'astre.

En effet, un astre peut passer au méridien dans l'une de ces trois positions : entre le pôle et le zénith, entre le zénith et l'équateur, ou enfin entre l'équateur et l'horizon. Ces trois positions

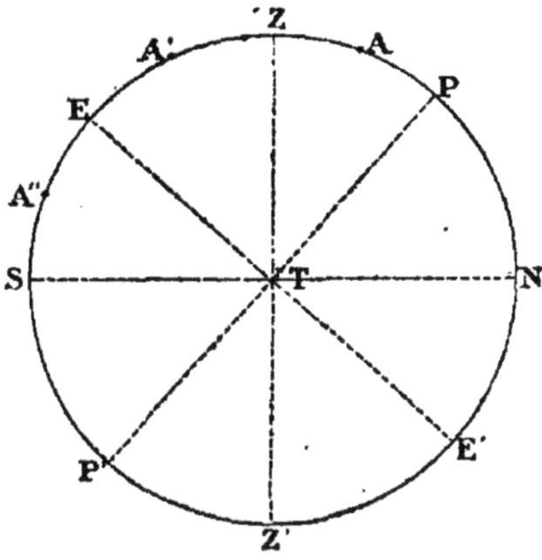

Fig. 20.

sont représentées en A, A', A'' (fig. 20); les déclinaisons correspondantes sont AE, A'E et — A''E.

$$AE = 90° - AP.$$
$$A'E = 90° - A'P.$$
$$-A''E = 90° - A''P.$$

RÉSUMÉ

Les étoiles semblent fixées à une immense voûte dont la Terre occupe le centre.

Le *mouvement diurne* est le mouvement de la sphère céleste autour de l'un de ses diamètres comme axe.

Le mouvement diurne s'effectue en 24 heures.

On appelle *étoiles circompolaires* des étoiles qui demeurent constamment au-dessus de l'horizon. Les autres étoiles ont un lever et un coucher.

On appelle *vertical* d'un lieu tout plan qui passe par la verticale de ce lieu.

Le *premier vertical* est le vertical auquel on est convenu de rapporter tous les autres.

La position d'un astre sur la sphère céleste peut être déterminée par l'*azimut* et la *distance zénithale.*

L'*azimut* est l'angle dièdre que fait un vertical quelconque avec le premier vertical.

La *distance zénithale* d'un astre est l'angle de la verticale avec la droite qui joint l'œil de l'observateur à l'astre.

La *hauteur* d'un astre est l'angle de l'horizon avec la droite qui joint l'astre à l'œil de l'observateur.

La distance zénithale et la hauteur sont deux angles complémentaires.

Pour mesurer l'azimut et la distance zénithale on se sert du *théodolite.*

Lois du mouvement diurne. Ce mouvement est :

1° *circulaire;* 2° *uniforme;* 3° *isochrone;* 4° *parallèle.*

Le mouvement diurne est *rétrograde,* c'est-à-dire d'orient en occident.

Les étoiles conservent les mêmes positions relatives.

Les lois du mouvement diurne se vérifient au moyen de l'*équatorial.*

Les *pôles* sont les extrémités de l'axe du monde. Le pôle *boréal* ou *arctique* est visible en Europe ; le pôle *austral* ou *antarctique* y est invisible.

On appelle *équateur céleste* le grand cercle perpendiculaire à l'axe du monde. Il divise la sphère en deux hémisphères : l'*hémisphère boréal* ou *arctique* et l'*hémisphère austral* ou *antarctique.*

Les *parallèles* sont les cercles de la sphère céleste parallèles à l'équateur.

On appelle *méridien céleste* tout grand cercle de la sphère céleste qui passe par les pôles; et simplement *méridien* celui qui passe par le lieu d'observation.

La *méridienne* est l'intersection du plan méridien avec l'horizon.

Le *nord* est le point où la méridienne rencontre l'horizon du côté du pôle boréal. Le *sud* se trouve à l'autre extrémité. L'*est* est à l'extrémité du diamètre de l'horizon, perpendiculaire à la méridienne, du côté où le Soleil se lève. L'*ouest* est le point diamétralement opposé,

On appelle *nord-est* le point situé à égale distance du nord et de l'est; *sud-est,* le point situé à égale distance du sud et de l'est, etc.

Dans sa révolution complète, une étoile passe deux fois dans le plan méridien : le premier de ces passages est dit *supérieur* ou *culmination;* le second est le *passage inférieur.*

On appelle *jour sidéral,* le temps qui s'écoule entre deux passages supérieurs consécutifs d'une étoile au même méridien. Il se divise en 24 heures sidérales, l'heure en 60 minutes, la minute en 60 secondes.

On appelle *pendule sidérale* une pendule dont le cadran est parcouru par l'aiguille en 24 heures sidérales; les heures y sont marquées de 0 à 24.

Le *cercle horaire* d'un astre est le méridien céleste qui passe par cet astre.

L'*angle horaire* d'un astre est l'angle que fait le cercle horaire de cet astre avec le méridien du lieu.

On détermine la méridienne et le plan méridien avec le *gnomon,* avec le *théodolite* ou avec la *boussole.*

La position d'un astre sur la sphère céleste est aussi déterminée par l'*ascension droite* et la *déclinaison.*

L'*ascension droite* d'un astre est l'angle dièdre formé par le cercle horaire de cet astre et le cercle horaire du *point vernal;* elle a pour mesure l'arc d'équateur céleste compris entre le point vernal et le cercle horaire.

L'ascension droite se compte dans le sens direct; elle varie de 0° à 360°.

Pour trouver l'ascension droite, on se sert de la *lunette méridienne.*

La *déclinaison* d'un astre est l'angle que fait avec le plan de l'équateur le rayon visuel mené à cet astre.

La déclinaison se compte de l'équateur aux pôles; elle est boréale ou australe et varie de 0° à 90°.

La déclinaison se mesure au moyen du *cercle mural.* Elle est le complément de la distance polaire de l'astre.

CHAPITRE II

DESCRIPTION DU CIEL

Nombre des étoiles. — Classification des étoiles. — Constellations. — Recherche des principales constellations. — Étoiles de première grandeur.

56. **Nombre des étoiles.** — A l'œil nu, on peut voir environ 5000 étoiles; avec le télescope il est possible d'en apercevoir 80000000 environ.

57. **Classification des étoiles.** — Les étoiles ont été classées, d'après leur éclat, en quinze *ordres* ou *grandeurs*, dont les six premiers sont seuls visibles à l'œil nu. Cette classification n'apprend rien sur les dimensions des étoiles.

Le tableau suivant donne le nombre des étoiles classées dans les neuf premiers ordres.

Ordre.	Nombre.	Ordre.	Nombre.	Ordre.	Nombre.
1	20	4	428	7	13000
2	68	5	1100	8	40000
3	192	6	3200	9	142000

Il est à remarquer que chaque ordre a environ trois fois plus d'étoiles que l'ordre précédent.

58. **Constellations.** — On appelle *constellations* certains groupes déterminés d'étoiles. On compte aujourd'hui 117 constellations.

Les étoiles d'une même constellation se désignent, soit par les lettres de l'alphabet grec, soit par celles de l'alphabet latin, soit par un numéro d'ordre.

Les premières lettres de l'alphabet grec servent à désigner les étoiles les plus brillantes dans chaque constellation.

Quelques étoiles remarquables ont reçu des noms particuliers. Ainsi la plus belle étoile de la constellation du *Grand Chien* s'appelle SIRIUS; la plus remarquable de la *Lyre*, WÉGA.

59. **Recherche des principales constellations.** — Pour retrouver les constellations dans le ciel, on se sert de certains alignements déterminés par des étoiles bien connues.

GRANDE OURSE OU CHARIOT DE DAVID. — En se tournant vers le nord, on remarque une belle constellation caractérisée par sept

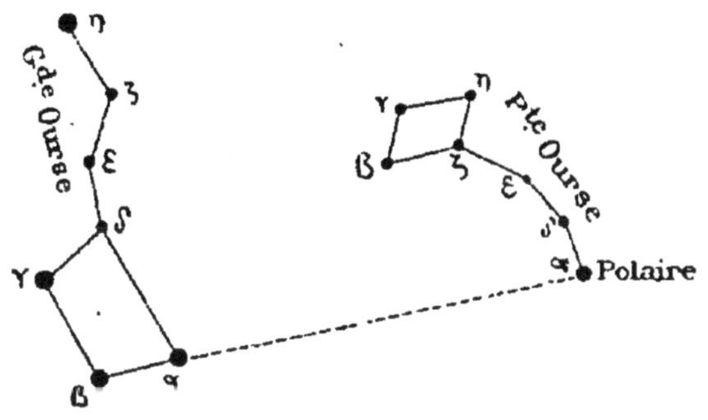

Fig. 21.

étoiles (fig. 21), dont quatre forment un trapèze et les trois autres une ligne brisée : cette constellation s'appelle la *Grande Ourse.*

Les étoiles α et β sont les *Gardes* de la *Grande Ourse.*

PETITE OURSE. — L'*étoile polaire* se trouve sensiblement sur la ligne βα de la Grande Ourse, prolongée de cinq fois sa longueur. Cette étoile de deuxième grandeur appartient à la *Petite Ourse,* constellation semblable à la précédente, mais moins brillante, moins étendue et disposée en sens inverse.

CASSIOPÉE. — L'étoile ε de la Grande Ourse conduit, par l'étoile polaire, jusqu'à *Cassiopée* (fig. 22), constellation qui est caractérisée par cinq étoiles de troisième grandeur, formant un M à jambages écartés.

CÉPHÉE. — Entre Cassiopée et la petite Ourse, on distingue trois étoiles de troisième grandeur, et formant un arc de cercle; c'est la constellation de *Céphée.*

PÉGASE. ANDROMÈDE. — La ligne déterminée par les deux gardes de la Grande Ourse et l'étoile polaire, prolongée d'environ deux fois sa longueur, conduit à β et α du *Carré de Pégase,* constellation formée par quatre étoiles de deuxième grandeur. L'étoile δ de cette constellation appartient en même temps à *Andromède,*

Dragon
Grande Ourse
P. Ourse
Céphée
Polaire
Cassiopée
Markab
Carré de Pégase
Algénib
Andromède
la Luisante
Persée
Algol
Tête de Méduse
la Chèvre
Cocher
Castor
Pollux
Gémeaux
Les Pléiades
Hyades
Taureau
Aldébaran
Bételgeuse
Bellatrix
Orion
Rigel
Sirius
Grand Chien

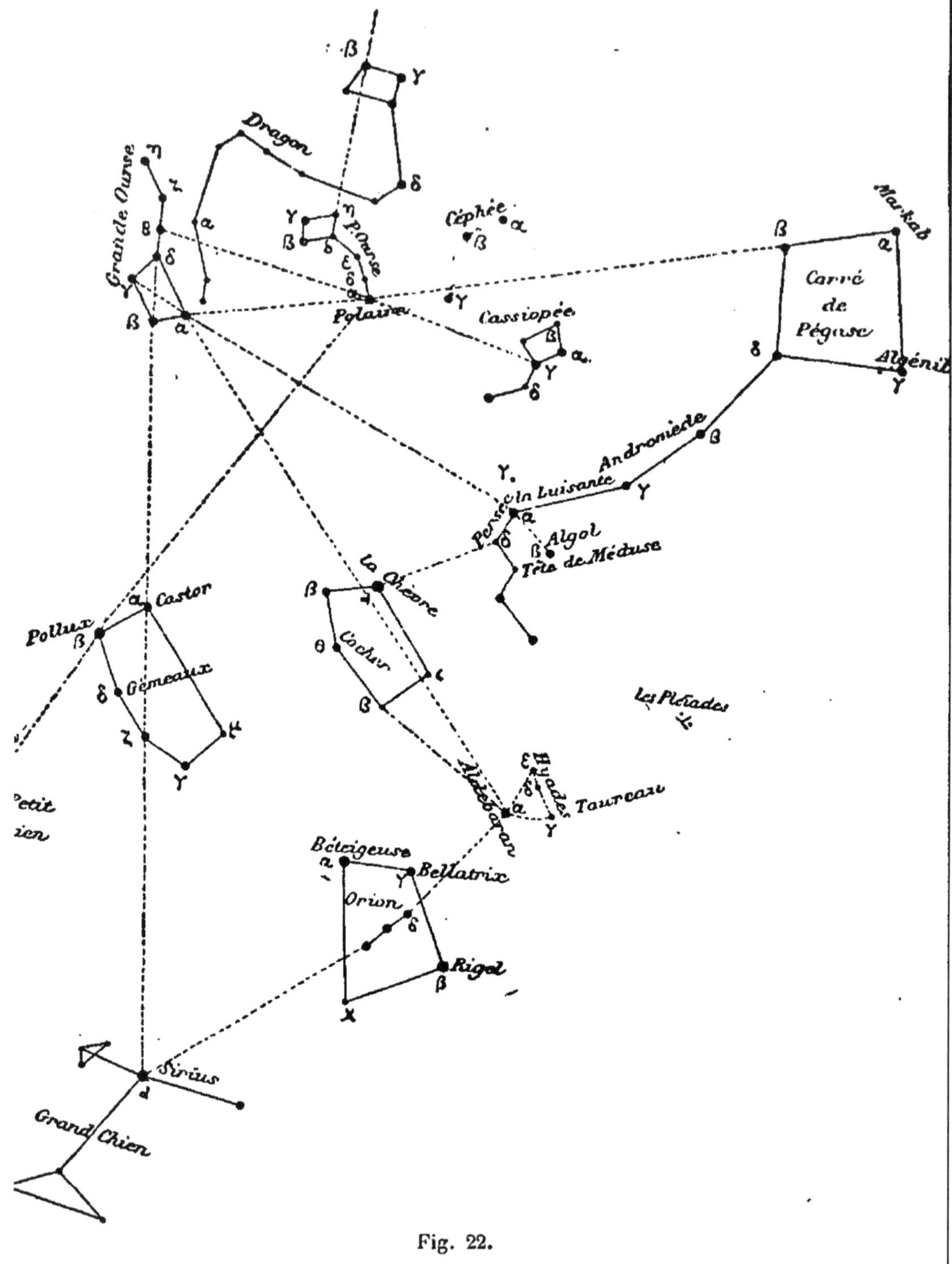

Fig. 22.

dont elle est l'étoile α. Les étoiles β et γ d'Andromède sont de deuxième grandeur; elles se trouvent sur le prolongement de la diagonale αδ du Carré de Pégase.

PERSÉE. — L'étoile de troisième grandeur α de *Persée,* se trouve sur le prolongement de l'arc d'Andromède, ou encore sur l'alignement γα de la Grande Ourse.

L'étoile β de Persée est connue sous le nom d'*Algol;* c'est la plus brillante de la *Tête de Méduse;* elle est surtout remarquable par ses variations d'éclat.

LE DRAGON. — Cette constellation est composée d'une longue file d'étoiles peu brillantes, dont les premières, constituant la *Queue du Dragon,* sont situées entre la Grande et la Petite Ourse; elle se termine par quatre étoiles formant un quadrilatère très apparent, qui est traversé par l'alignement ζη de la Petite Ourse.

LE COCHER. — La ligne δα de la Grande Ourse, prolongée jusqu'à l'est de Persée, passe dans un grand pentagone irrégulier; c'est la constellation du *Cocher.* L'étoile la plus remarquable de cette constellation s'appelle la *Chèvre;* elle est de première grandeur.

LE TAUREAU. — L'étoile β, la plus éloignée du pôle, dans le pentagone du Cocher, appartient au *Taureau.* La plus belle étoile de cette constellation, *Aldébaran* ou *Œil du Taureau,* est de première grandeur.

Aldébaran fait partie d'un petit groupe d'étoiles qu'on appelle *les Hyades.* Vers le Carré de Pégase, on aperçoit un autre groupe composé d'étoiles très rapprochées qu'on appelle *les Pléiades* ou la *Poussinière.*

LES GÉMEAUX. — Si l'on prolonge la diagonale δβ de la Grande Ourse jusqu'à l'est du Cocher, on rencontre un rectangle qui caractérise la constellation des *Gémeaux.* Les étoiles α et β de cette constellation sont *Castor* et *Pollux*[1]. Cette dernière est de première grandeur.

LE GRAND CHIEN. — La diagonale δβ de la Grande Ourse, continuée au delà des Gémeaux, aboutit à *Sirius,* la plus brillante étoile du ciel. Les autres étoiles de la constellation du *Grand Chien* sont peu remarquables.

LE PETIT CHIEN. — En prolongeant la droite qui joint l'étoile polaire à Pollux, on rencontre Procyon, étoile de première grandeur qui fait partie du *Petit Chien.*

ORION. — Entre le Grand Chien et le Taureau, on remarque *Orion,* la plus belle constellation du ciel. Les étoiles α, β, γ, χ

1 Il est bon de remarquer comme terme de comparaison que la distance des étoiles Castor et Pollux est d'environ 5 degrés.

forment un quadrilatère. Les étoiles α et β, de première grandeur, portent les noms de *Béteigeuse* et de *Rigel;* γ s'appelle *Bellatrix;* elle est de deuxième grandeur.

Les trois étoiles du centre, disposées en ligne droite, sont de deuxième grandeur; elles forment le *Baudrier d'Orion.* On les appelle aussi les *Trois Mages* parce qu'elles semblent se diriger vers *Sirius*, la plus belle étoile du ciel.

L'équateur céleste passe très près de l'étoile δ du Baudrier d'Orion.

Le Bouvier. — La ligne déterminée par les deux dernières

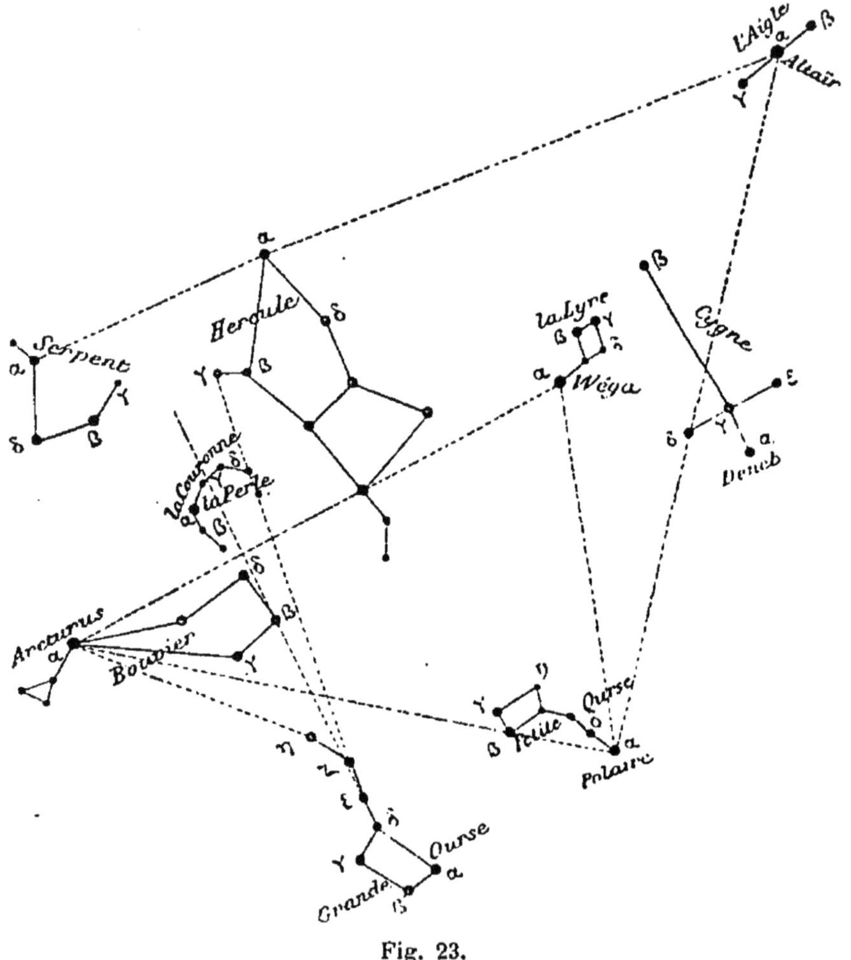

Fig. 23.

étoiles de la queue de la Grande Ourse rencontre *Arcturus*, belle étoile de première grandeur (fig. 23), qui occupe l'un des sommets du pentagone formé par le *Bouvier*.

Couronne Boréale. — L'alignement βδ de la Grande Ourse et β du Bouvier, traverse un groupe de sept étoiles disposées en demi-cercle, à l'est du Bouvier; c'est la *Couronne Boréale.* La *Perle,* étoile de deuxième grandeur, est la plus brillante de cette constellation.

La Lyre. — A l'est de la Couronne Boréale, sur le prolongement de la ligne qui joint la Chèvre à l'étoile polaire, on aperçoit une étoile de première grandeur, formant avec Arcturus et l'étoile polaire un triangle à peu près rectangle, dont elle occupe le sommet de l'angle droit; c'est *Wéga,* de la *Lyre.*

Le Cygne ou Croix du Nord. — A l'est de la Lyre, on aperçoit le *Cygne,* dont les étoiles les plus brillantes forment une grande croix.

L'Aigle. — L'alignement qui part de la polaire en passant par δ du cygne rencontre *Altaïr,* étoile de première grandeur, appartenant à la constellation de l'*Aigle.*

Le Lion. — L'étoile polaire et les gardes de la Grande Ourse

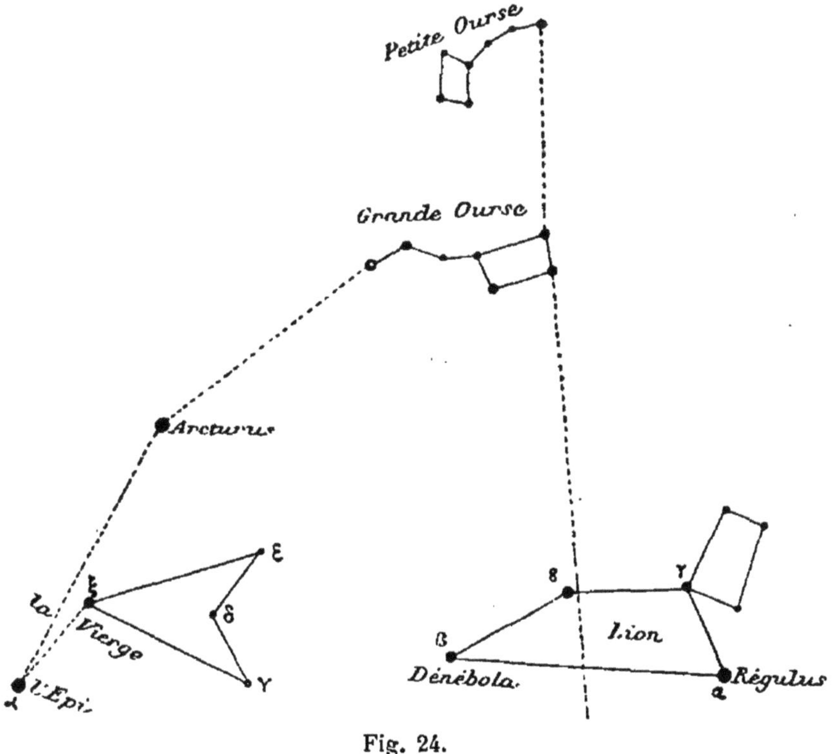

Fig. 24.

(fig. 24) conduisent à un trapèze qui fait partie de la constellation du *Lion;* sa base est déterminée par deux belles étoiles, *Régulus,* de première grandeur, et *Dénébola,* de deuxième.

La Vierge. — Sur le prolongement de l'arc déterminé par la queue de la Grande Ourse et Arcturus, on rencontre l'*Epi*, étoile de première grandeur, appartenant à la constellation de la *Vierge*.

Au moyen de la carte céleste, on peut trouver les autres constellations.

60. **Étoiles de première grandeur.** — Le tableau suivant donne le nom des vingt étoiles de première grandeur. Les six qui sont invisibles en Europe sont précédées d'un astérisque.

Sirius, α du Grand Chien.	Aldébaran, α du Taureau.
* Canopus, α du Navire.	* β du Centaure.
* α du Centaure.	* α de la Croix du Sud.
Wéga, α de la Lyre.	* β de la Croix du Sud.
Procyon, α du Petit Chien.	Antarès, α du Scorpion.
Arcturus, α du Bouvier.	Altaïr, α de l'Aigle.
Béteigeuse, α d'Orion.	L'Épi, α de la Vierge.
Rigel, β d'Orion.	Fomalhaut, α du Poisson Austral.
La Chèvre, α du Cocher.	Pollux, α des Gémeaux.
* Achernar, α de l'Éridan.	Régulus, α du Lion.

RÉSUMÉ

A l'œil nu, on peut apercevoir environ 5000 étoiles, le télescope permet d'en voir près de 80000000.

Les étoiles ont été classées d'après leur éclat en 15 *ordres* ou *grandeurs*. Les étoiles des six premiers ordres sont les seules visibles à l'œil nu.

On appelle *constellations* des groupes déterminés d'étoiles.

On compte ordinairement vingt étoiles de première grandeur dont quatorze sont visibles en Europe.

DEUXIÈME PARTIE

LA TERRE

CHAPITRE I

FORME DE LA TERRE

§ I

Rondeur de la terre. — Pôles. — Équateur. — Parallèles. — Méridiens. — Premier méridien. — Position d'un point sur la sphère terrestre. — Longitude. — Détermination de la longitude. — Latitude. — Détermination de la latitude.

61. **Rondeur de la Terre.** — Au premier aspect, on ne se rend pas compte de la forme générale de la Terre; mais des observations très simples font voir que la Terre est ronde. Nous allons donner les principales.

1° C'est par suite de la rondeur de la Terre qu'au lever du Soleil les sommets des montagnes sont éclairés successivement avant les plaines.

2° En pleine mer, l'horizon visuel est toujours un cercle. Cela ne peut être que si la Terre est ronde.

3° Lorsqu'un vaisseau s'éloigne du port (fig. 25), le spectateur placé sur un point élevé du rivage voit le vaisseau se projeter tout entier sur la mer, ensuite sur le ciel, puis il voit la coque disparaître et enfin les mâts. — Au contraire, quand un vaisseau arrive, on aperçoit d'abord l'extrémité des mâts, puis les voiles, et enfin le corps du navire.

Un phénomène analogue a lieu pour les navigateurs : les clochers, les tours, lés éminences sont les derniers objets qui disparaissent au départ, et les premiers qu'on aperçoit à l'arrivée.

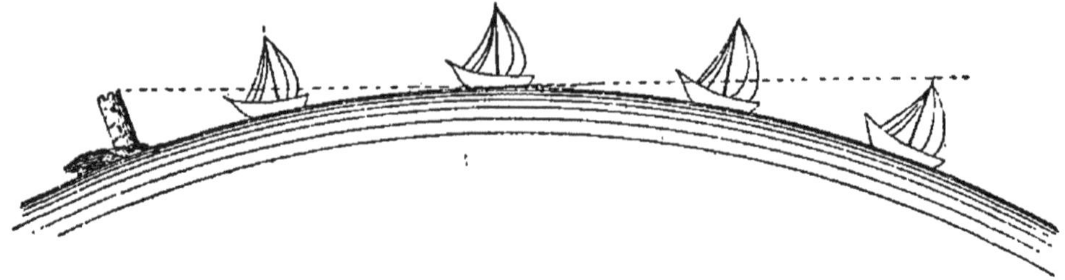

Fig. 25.

Ces faits ne peuvent s'expliquer que par la rondeur de notre globe. En effet, si l'on supposait la Terre plane, l'œil suivrait les vaisseaux à une bien plus grande distance; les parties les plus minces, telles que les mâts, disparaîtraient les premières tandis que la coque du navire serait la dernière à disparaître.

4° En avançant vers le nord, on voit augmenter le nombre des étoiles circompolaires, en même temps qu'on voit d'autres étoiles disparaître vers le sud; or, si la Terre n'était qu'une vaste plaine, les mêmes étoiles seraient visibles partout.

5° Dans les éclipses de Lune, l'ombre de la Terre sur la Lune est limitée par une courbe circulaire.

6° Les voyages de circumnavigation sont encore une preuve de la rondeur et de l'isolement de la Terre [1].

7° Le Soleil, la Lune et les planètes paraissent comme des sphères isolées dans l'espace; il est tout naturel de penser que la Terre se trouve dans le même isolement et qu'elle a la même forme.

8° On trouve encore une preuve de la rondeur de la Terre dans la *dépression de l'horizon.*

La *dépression de l'horizon* est l'angle que fait l'horizon visuel avec la tangente menée de l'œil de l'observateur au globe.

Si SH (fig. 26) est l'horizon visuel et ST une tangente au globe terrestre, l'angle TSH est la dépression de l'horizon.

En dehors des irrégularités du sol, sur la mer, par exemple,

---

[1] Le premier voyage autour du monde fut effectué en 1519 par le Portugais Magellan. Ce célèbre navigateur se dirigea vers l'occident, rencontra l'Amérique, qu'il côtoya vers le sud jusqu'au détroit qui porte son nom; il traversa ensuite l'océan Pacifique et aborda, en 1521, aux îles Philippines, où il mourut bientôt après; ses compagnons continuèrent leur voyage vers l'ouest, et rentrèrent au Portugal après avoir fait le tour du globe.

cet angle est constant pour une même hauteur de l'œil; on en conclut que la Terre est ronde.

62. Connaissant la dépression α de l'horizon et l'altitude SD ou h de l'œil de l'observateur, on peut en déduire une valeur approchée du rayon R de la Terre.

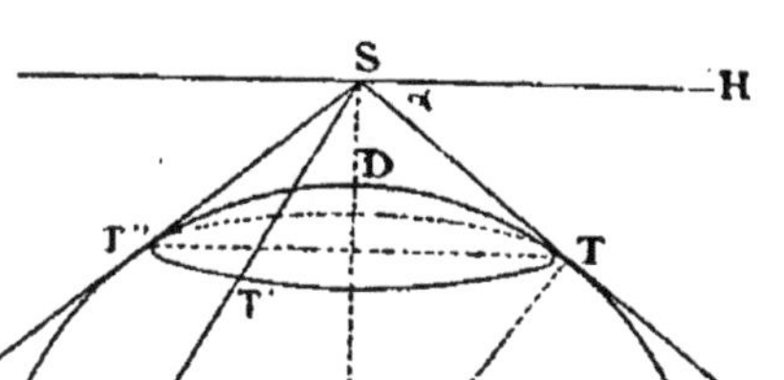

Fig. 26.

Le triangle rectangle STC donne :

$$CT \text{ ou } R = (R + h) \cos \alpha.$$

d'où $\cos \alpha = \frac{R}{R+h}$;

d'où $R \cos \alpha + h \cos \alpha = R$;

d'où $h \cos \alpha = R\,(1 - \cos \alpha)$;

$$R = \frac{h \cos \alpha}{1 - \cos \alpha};$$

et enfin $R = \frac{h \cos \alpha}{2 \sin^2 \frac{1}{2}\alpha}$ (*)

Pour $h = 75$ mètres et $\alpha = 15'30''$, valeur déterminée par les élèves de l'École Navale de Brest; on trouve $R = 7380$ kilomètres, valeur trop forte d'environ $\frac{1}{7}$.

63. **Pôles.** — Les *pôles terrestres* sont les points où l'axe du monde rencontre la surface de la Terre.

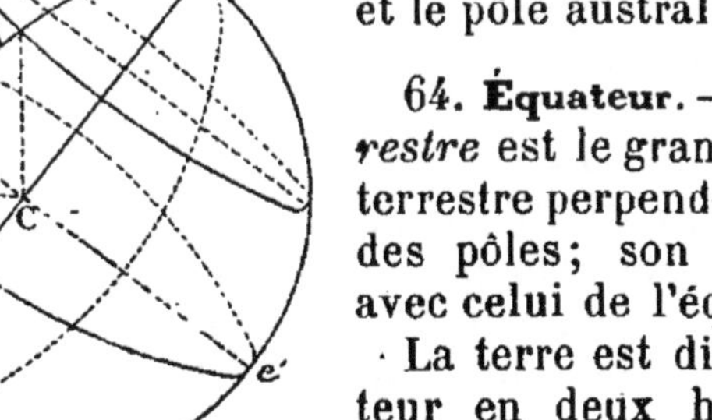

Fig. 27.

Le pôle boréal est en p (fig. 27) et le pôle austral en p'.

64. **Équateur.** — L'*équateur terrestre* est le grand cercle du globe terrestre perpendiculaire à la ligne des pôles; son plan se confond avec celui de l'équateur céleste.

La terre est divisée par l'équateur en deux hémisphères, qui prennent chacun le nom du pôle qu'ils contiennent. Ainsi on dit : *hémisphère boréal, hémisphère austral*.

65. **Parallèles.** — Les *parallèles terrestres* sont des cercles parallèles à l'équateur.

(*) Trigonométrie, par F. I. C., nº 39.

66. **Méridiens.** — Les *méridiens terrestres* sont les grands cercles de la Terre qui passent par les pôles.

67. **Premier méridien.** — Le *premier méridien* est celui auquel on est convenu de rapporter tous les autres.

En France, le premier méridien est celui qui passe par l'Observatoire de Paris; en Angleterre c'est celui de l'Observatoire de Greenwich. Le premier méridien anglais est à 2° 20′ 14″, 4 ouest de celui de Paris, d'où il résulte une différence d'heure de $9^m 21^s$ (n° 41).

L'adoption d'un même premier méridien aurait des avantages incontestables.

68. **Position d'un point sur la sphère terrestre.** — Pour déterminer la position d'un point sur la sphère terrestre, on emploie deux coordonnées analogues à l'ascension droite et à la déclinaison : ce sont la *longitude* et la *latitude*.

69. **Longitude.** — La *longitude*[1] d'un lieu est l'angle dièdre du méridien de ce lieu avec le premier méridien.

Cet angle est mesuré par l'arc de l'équateur compris entre le premier méridien et le méridien du lieu.

La longitude peut être *orientale* ou *occidentale;* elle varie de 0 à 180°.

Tous les points de la surface de la terre qui se trouvent sur un même demi-méridien ont même longitude.

70. **Détermination de la longitude.** — Nous savons que le mouvement diurne des étoiles est uniforme et qu'il s'effectue en 24 heures sidérales (n° 25); donc une étoile passe aux différents méridiens en 24 heures sidérales. Dans une heure sidérale, elle parcourt un arc de 15°; dans une minute sidérale elle parcourt un arc de 15′, etc. On peut donc évaluer la différence des heures en angles et obtenir ainsi la longitude.

Pour trouver la longitude d'un lieu, on détermine, pour un même instant, la différence entre l'heure de ce lieu et celle du premier méridien.

Pour cela, on emploie différentes méthodes : 1° les chronomètres; 2° les éclipses des satellites de Jupiter; 3° le télégraphe.

1° On transporte en ce lieu plusieurs chronomètres réglés sur le premier méridien; on compare la moyenne des heures qu'ils marquent avec l'heure que donne en cet instant une pen-

---

[1] Du latin *longitudo,* longueur. — Les terres connues des anciens ont une longueur plus grande dans le sens des longitudes que dans le sens des latitudes.

dule sidérale réglée sur le méridien du lieu. Cette différence d'heure convertie en degrés donne la longitude.

2° Les éclipses des satellites de Jupiter sont visibles au même instant de tous les points de la terre qui ont cette planète au-dessus de l'horizon. D'un autre côté, l'*Annuaire du Bureau des longitudes* indique, en temps du premier méridien, les heures auxquelles ces éclipses commencent et finissent. On connaît ainsi l'heure du premier méridien. Au même instant, on observe l'heure du lieu. On fait la différence des heures, etc.

3° Le télégraphe offre un moyen de connaître instantanément l'heure du premier méridien.

71. **Latitude.** — La *latitude*[1] d'un lieu est l'angle de la verticale de ce lieu avec l'équateur.

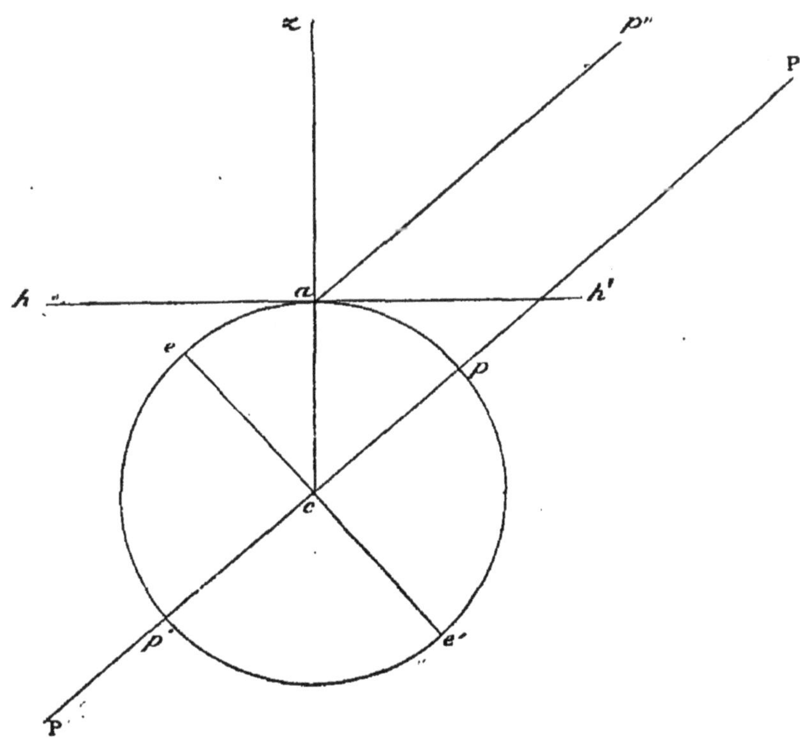

Fig. 28.

Cet angle est mesuré par l'arc de méridien compris entre ce lieu et l'équateur.

---

[1] Du latin *latitudo*, largeur.

La latitude est *boréale* ou *positive*, *australe* ou *négative*, suivant que le lieu est dans l'hémisphère boréal ou dans l'hémisphère austral. Elle se compte de l'équateur aux pôles et varie de 0 à 90°.

Tous les lieux situés sur un même parallèle ont la même latitude.

72. **Détermination de la latitude.** — La latitude d'un lieu est égale à la hauteur du pôle en ce lieu.

Soient *pep'e'* le méridien d'un lieu *a* (fig. 28); *ce'* et *hh'* son intersection avec l'équateur et avec l'horizon du lieu *a*. La latitude de ce lieu est égale à l'angle *eca*.

A cause de son énorme distance, le pôle P s'aperçoit dans une direction *a*P'' parallèle à PP'. La hauteur du pôle au point *a* est donnée par l'angle *h'a*P''.

Or cet angle *h'a*P'' et l'angle *eca* sont égaux comme angles aigus ayant les côtés perpendiculaires. Donc...

§ II

Mesure d'un arc de méridien. — Triangulation. — Longueur de l'arc d'un degré. — La Terre est sensiblement un ellipsoïde. — Rayons terrestres. — Aplatissement de la terre. — Mètre. — Antipodes.

73. Les preuves données dans le paragraphe précédent établissent la rondeur de la Terre. Pour en déterminer d'une manière plus précise la forme et les dimensions, on a mesuré, à diverses latitudes, la longueur d'un arc de méridien.

Si la Terre était une sphère, les arcs d'un degré seraient égaux à toutes les latitudes.

74. **Mesure d'un arc de méridien. — Triangulation.** — On trouve des détails intéressants dans le *Cours d'Arpentage* par F. I. C. (n° 309 et suiv.) sur les procédés qui ont été employés pour déterminer la longueur de la méridienne. Nous nous bornerons à donner ici une idée générale de la marche suivie.

Soit AM (fig. 29) la méridienne. On choisit des deux côtés de cette méridienne des points B, C, D..., et on mesure la base AB avec une très grande précision.

Pour déterminer le triangle ABC, on mesure au théodolite les angles ABC et BAC. On calcule BC.

On détermine de la même manière les triangles CBD, CDE, etc.

Pour avoir le segment AG de la méridienne, on mesure l'angle BAG en dirigeant une des lunettes dans le sens de la méridienne et l'autre suivant AB. Alors le triangle BAG est connu. On calcule AG et BG et on obtient CG par soustraction.

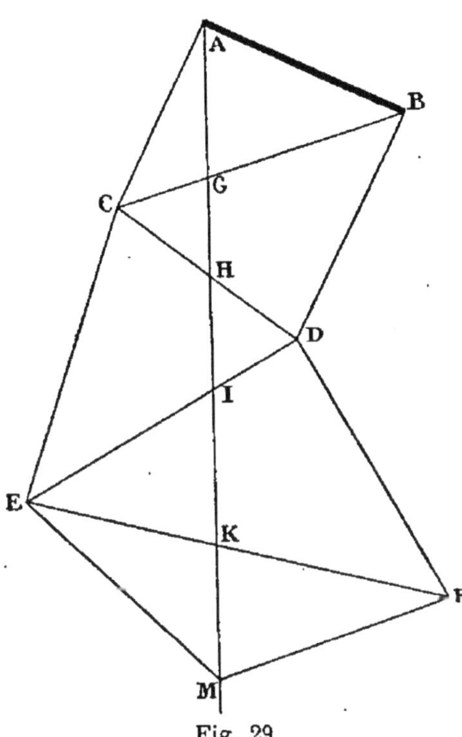

Fig. 29.

On calcule aussi l'angle AGB = CGH.

Le triangle CGH est alors connu. Il donne GH et on continue de même pour les autres segments.

La base doit être réduite au niveau de la mer. Les angles étant mesurés avec le théodolite n'ont pas besoin d'être réduits à l'horizon.

Le nombre de degrés de l'arc AM est égal à la différence des latitudes des points A et M.

Connaissant le nombre de degrés et la longueur de l'arc mesuré, il est facile de calculer la longueur de l'arc d'un degré.

75. **Longueur de l'arc d'un degré.** — En 1669, l'abbé Picard[1] mesura en France l'arc compris entre la latitude 48° 53′ et 49° 53′; en 1736, Bouguer[2] et La Condamine[3] mesurèrent au Pérou un arc de méridien près de l'équateur, tandis que Maupertuis[4] et Clairaut[5] opéraient en Laponie entre le 65e et le 66e degré. Voici les résultats obtenus pour l'arc d'un degré.

Au Pérou.	56 750 toises
En France.	57 060 —
En Laponie	57 422 —

1 Picard, astronome, né à la Flèche, en 1620, mort en 1683. Il a observé le premier la longueur du pendule battant la seconde; on lui doit en grande partie l'invention du *micromètre* et la création de l'Observatoire de Paris.

2 Bouguer, mathématicien et physicien, né au Croisic (Loire-Inférieure), en 698, mort en 1758, inventeur de l'*héliomètre*, a composé un *Traité de la radiation de la lumière*, etc.

3 La Condamine, né à Paris, en 1701, mort en 1774. On a de lui la *Figure de la Terre*, etc.

4 Maupertuis, géomètre et astronome, né à Saint-Malo, en 1698, mort en 1759.

5 Clairaut, géomètre et astronome, né à Paris, en 1713, mort en 1765. On a de lui la *Théorie de la figure de la Terre*, la *Théorie de la Lune*, etc.

La longueur de l'arc d'un degré, mesuré sur un méridien, n'étant pas la même à toutes les latitudes, on en conclut que la Terre n'est pas parfaitement sphérique.

76. **La Terre est sensiblement un ellipsoïde.** — Considérons l'ellipse fig. 30 et prenons des arcs d'un degré, EA, BC, DP[1]. Si l'on considère ces arcs comme appartenant à des circonférences, on voit que les circonférences ont un rayon de plus en plus grand; par suite, la longueur des arcs d'un degré va en croissant de E en P.

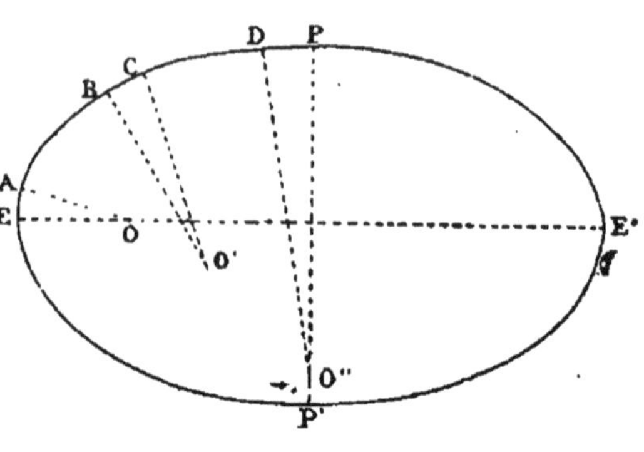

Fig. 30.

Comme il en est ainsi pour le méridien terrestre, on peut l'assimiler à une ellipse, et la Terre, à un ellipsoïde.

77. **Rayons terrestres.** — En se basant sur les nombreuses mesures du globe terrestre, M. Faye[2] a trouvé les dimensions suivantes pour le rayon terrestre :

A l'équateur :	6 378 393 mètres.
Aux pôles :	6 356 549 —

Une circonférence de même longueur que le méridien aurait un rayon de 6 371 104 mètres.

78. **Aplatissement de la Terre.** — L'aplatissement d'une ellipse est le rapport de la différence des axes au grand axe. En désignant par a et b les deux demi-axes du méridien, l'aplatissement est $\frac{a-b}{a}$ ou environ $\frac{1}{294}$.

Pour un globe d'un mètre de diamètre équatorial, la différence des diamètres serait d'environ 3 millimètres. A l'œil, ce globe paraîtrait tout à fait sphérique.

Les montagnes n'altèrent pas sensiblement la forme de la Terre. Les plus élevées atteignent à peine une hauteur de 8

---

[1] On sait qu'un arc de courbe est mesuré par l'angle des normales menées à ses extrémités.

[2] FAYE, astronome français, né en 1814, à Saint-Benoît-du-Sault (Indre), directeur de l'Observatoire, membre de l'Institut. Il a découvert la comète périodique qui porte son nom. On a de lui *Leçons de Cosmographie, Théorie des taches du Soleil*, etc.

à 9 kilomètres et font une saillie bien moins forte que les irrégularités que l'on aperçoit sur l'écorce d'une orange. Sur un globe d'un mètre de diamètre, les plus grandes montagnes, l'Himalaya, par exemple, feraient une saillie d'environ $\frac{3}{4}$ de millimètre.

79. **Mètre.** — Depuis longtemps on était frappé en France des inconvénients de la trop grande multiplicité et variété des mesures; chaque province, souvent même chaque ville, avait les siennes. Plusieurs souverains avaient projeté d'établir un même système de mesures dans tout le royaume; mais, l'exécution de ce projet avait toujours été retardée. Vers la fin du siècle dernier l'Académie des sciences, chargée de préparer cette grande réforme, décida que l'unité de longueur serait basée sur les dimensions du globe terrestre, et que toutes les autres mesures seraient déduites de celle-là. On convint aussi de se servir du système décimal dans la multiplication et la subdivision des différentes unités.

Méchain[1] et Delambre[2] furent chargés de mesurer l'arc du méridien compris entre Dunkerque et Barcelone. Les résultats trouvés par ces deux savants, combinés avec ceux obtenus précédemment au Pérou et en Laponie, donnèrent pour la longueur du quart du méridien 5 130 740 toises. La dix-millionième partie de cette longueur, soit 0^t, 5130740, ou 0 toise 3 pieds 0 pouce 11 lignes, 296, fut adoptée, sous le nom de *mètre*, pour unité des mesures de longueur.

Biot[3] et Arago[4] ont étendu la mesure de l'arc qui passe par Dunkerque et Barcelone jusqu'à l'île de Formentera.

Des mesures semblables ont été exécutées sur d'autres points, et il résulte de l'ensemble de ces travaux, que le quart du méridien terrestre est de 5 131 180 toises, valeur qui surpasse de 440 toises celle trouvée par Delambre et Méchain. Cette erreur provient de ce que les auteurs du système métrique avaient pris pour l'aplatissement de la Terre $\frac{1}{334}$.

---

1 Méchain, astronome, né à Laon, en 1744, mort en 1805, mesura la partie du méridien comprise entre Rodez et Barcelone.

2 Delambre, astronome, né à Amiens, en 1749, mort en 1822. On a de lui une *Astronomie théorique et pratique*, une *Histoire de l'Astronomie*, etc.

3 Biot, physicien et astronome, né à Paris, en 1774, mort en 1862. On lui doit un *Traité élémentaire d'astronomie physique*, une *Analyse du traité de mécanique céleste, de Laplace*, etc.

4 Arago, physicien et astronome, né à Estagel (Pyrénées-Orientales), en 1786, mort en 1853. Outre un grand nombre d'ouvrages sur les sciences physiques, il a composé une *Astronomie populaire*.

Le mètre légal est donc trop court de 0 ligne 038 ou de 0mm 08, quantité négligeable dans les usages ordinaires.

80. **Antipodes.** — On appelle *antipodes*[1] deux points situés aux extrémités d'un même diamètre de la Terre. La Terre n'étant pas sphérique, il est plus exact de dire que les antipodes sont deux lieux dont la longitude diffère de 180°, ces lieux ayant même latitude, l'une boréale et l'autre australe.

On serait peut-être tenté de se demander pourquoi les êtres qui sont à nos antipodes ne se détachent pas de la Terre pour tomber dans l'espace. Une pareille idée est une conséquence de la fausse signification qu'on donne au mot *tomber*. Tout corps qui tombe librement sur la Terre suit la verticale et se rapproche du centre; les corps qui se trouvent à nos antipodes sont, comme nous, maintenus à la surface de la Terre par la pesanteur.

RÉSUMÉ

Preuves de la rondeur de la Terre.

1° Les sommets des montagnes sont successivement éclairés avant les plaines par le soleil levant;

2° En pleine mer l'horizon visuel est toujours un cercle;

3° Quand un navire s'éloigne du port, sa coque disparaît avant les mâts;

4° L'augmentation du nombre des étoiles circompolaires à mesure qu'on avance vers le nord;

5° La forme circulaire de l'ombre de la Terre dans les éclipses de Lune;

6° Les voyages de circumnavigation;

7° Le Soleil, la Lune et les planètes paraissent comme des sphères isolées dans l'espace.

Les *pôles terrestres* sont les points où l'axe du monde rencontre la surface de la Terre : l'un est le *pôle boréal* ou *arctique;* l'autre le *pôle austral* ou *antarctique.*

L'*équateur terrestre* est le grand cercle de la Terre perpendiculaire à la ligne des pôles. Il divise la Terre en deux hémisphères; l'*hémisphère boréal* et l'*hémisphère austral.*

Les *parallèles terrestres* sont des cercles parallèles à l'équateur.

Les *méridiens terrestres* sont les grands cercles de la Terre qui passent par les pôles.

Le *premier méridien* est celui auquel on est convenu de rapporter tous les autres. Pour la France, ce premier méridien passe par l'Observatoire de Paris.

---

[1] De deux mots grecs qui veulent dire *contre, pied.*

Pour déterminer la position d'un point sur la sphère terrestre, on se sert de la *longitude* et de la *latitude.*

La *longitude* d'un lieu est l'angle dièdre du méridien du lieu avec le premier méridien ; elle est *orientale* ou *occidentale* et varie de 0 à 180°. Elle se mesure sur l'équateur.

Pour trouver la longitude d'un lieu, on détermine, pour un même instant, la différence entre l'heure de ce lieu et celle du premier méridien. Cette différence, convertie en degrés, minutes et secondes, donne la longitude cherchée.

Pour trouver la différence des heures on peut se servir 1° des *chronomètres;* 2° des *éclipses des satellites de Jupiter;* 3° du *télégraphe.*

La latitude d'un lieu est l'angle de la verticale de ce lieu avec l'équateur; elle varie de 0 à 90° et se compte de l'équateur aux pôles; elle est boréale ou australe.

La latitude d'un lieu est égale à la hauteur du pôle en ce lieu.

Pour étudier d'une manière plus précise la forme de la Terre, on a déterminé, à diverses latitudes, la longueur de l'arc d'un degré du méridien.

Cette longueur augmente de l'équateur aux pôles.

Le rayon de l'ellipsoïde terrestre est :

A l'équateur de 6378 kilomètres environ ;

Aux pôles de 6356 kilomètres environ ;

L'*aplatissement* de l'ellipsoïde terrestre est d'environ $\frac{1}{294}$.

On appelle *antipodes* deux points situés aux extrémités d'un même diamètre de la Terre.

CHAPITRE II

REPRÉSENTATION DE LA SURFACE DE LA TERRE

§ I

Globes terrestres.

81. Pour représenter la surface de la Terre, on se sert de *globes* et de *cartes géographiques*.

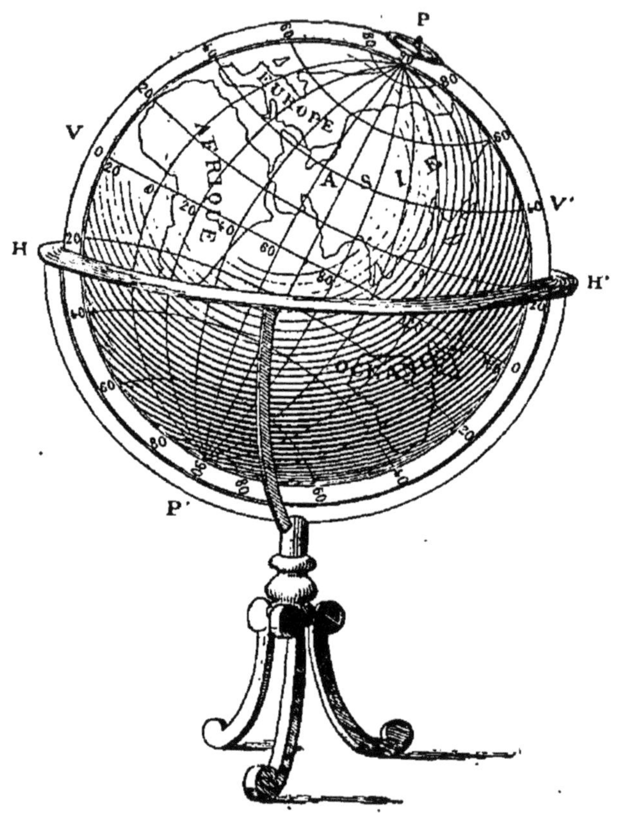

Fig. 31.

Les globes représentent notre planète avec une grande exactitude; les cartes géographiques nous en donnent une idée moins parfaite.

82. **Globes terrestres.** — Les globes sont généralement traversés suivant la ligne des pôles par un axe PP′ (fig. 31), dont les extrémités, engagées dans un cercle vertical, permettent de leur donner un mouvement analogue au mouvement diurne. Le cercle horizontal HH′ représente l'horizon.

Le cercle vertical peut se mouvoir autour de son centre sans changer de plan.

On peut donner à un globe une position telle que le cercle horizontal HH′ soit l'horizon rationnel d'un lieu quelconque. Il suffit pour cela que la ligne PP′ fasse avec HH′ un angle égal à la latitude du lieu (nº 71).

§ II

Cartes. — Projection orthographique. — Projection orthographique sur un méridien. — Projection orthographique sur l'équateur. — Avantages et inconvénients du système orthographique. — Projection stéréographique. — Projection stéréographique sur un méridien. — Construction d'un parallèle. — Construction d'un méridien. — Tracé des parallèles. — Tracé des méridiens. — Projection stéréographique sur l'équateur. — Tracé des méridiens. — Tracé des parallèles. — Avantages et inconvénients du système stéréographique.

83. **Cartes.** — Une *carte* est la représentation, sur un plan, de la sphère céleste ou de la sphère terrestre.

84. On distingue les *cartes générales* et les *cartes particulières*.

85. On appelle *carte générale* ou *mappemonde*[1] une carte qui représente toute la surface du globe.

86. On appelle *cartes particulières* les cartes qui ne représentent qu'une partie de la surface du globe.

87. Pour construire une carte, on trace d'abord le *canevas*, c'est-à-dire les méridiens et les parallèles, puis on marque, d'après leur longitude et leur latitude, les contours des mers, la position des montagnes, les cours d'eau, les villes, etc.

88. Une carte serait l'exacte représentation de la Terre si les diverses parties y occupaient des étendues proportionnelles à leurs dimensions, et si les lieux y étaient dans des positions semblables à celles qu'ils ont sur la Terre. Une sphère n'étant pas développable, ce résultat ne peut être atteint. Pour rendre

---

[1] Du latin *mappa*, nappe; *mundus*, monde.

les erreurs aussi petites que possible, on a recours à divers systèmes de représentation.

89. Pour les cartes générales, on emploie ordinairement la *projection orthographique* ou la *projection stéréographique.*

90. Pour les cartes particulières, on emploie généralement le *développement cylindrique* ou le développement conique.

Les cartes célestes se construisent d'après les mêmes principes que les cartes terrestres; nous ne parlerons que de ces dernières.

PROJECTION ORTHOGRAPHIQUE

91. **Définition.** — La *projection orthographique* d'un point sur un plan est le pied de la perpendiculaire abaissée de ce point sur ce plan.

La projection se fait ordinairement sur un méridien ou sur l'équateur.

92. **Projection orthographique sur un méridien.** — Pour construire la carte, on décrit une circonférence (fig. 32); c'est le premier méridien. EE′ représente l'équateur; PP′ le méridien de 90°.

On divise le premier méridien en degrés; les parallèles sont représentés par des cordes menées par les points de division, parallèlement à EE′.

Les demi-méridiens se projettent suivant des demi-ellipses ayant toutes PP′ pour grand axe[1].

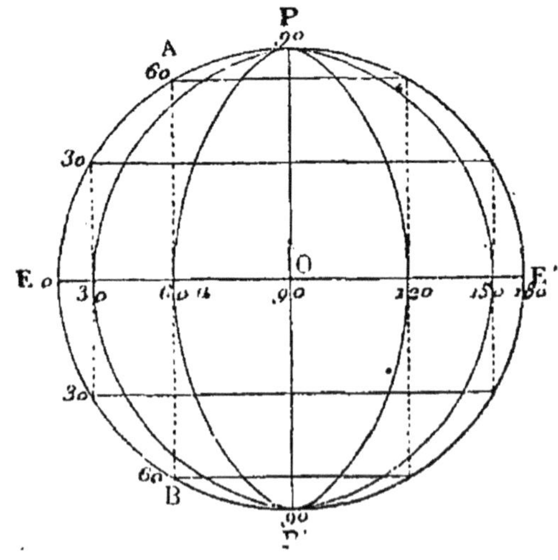

Fig. 32.

Pour avoir le petit axe du méridien de 60°, par exemple, supposons l'équateur rabattu sur le premier méridien. Le point 60° de l'équateur vient en A. Menons la perpendiculaire A*a*; le point *a* ne changeant pas quand on relève l'équateur, O*a* est le petit axe cherché.

On peut remarquer que, pour obtenir *a*, il suffit de mener AB.

93. **Projection orthographique sur l'équateur.** — On trace une circonférence représentant l'équateur. Les méridiens sont des diamètres faisant des angles égaux aux longitudes.

---

[1] Voir *Éléments de Géométrie*, par F. I. C.

Les parallèles se projettent en vraie grandeur suivant des cercles concentriques (fig. 33). Pour en obtenir le rayon, on rabat le méridien sur l'équateur et l'on agit comme au numéro précédent.

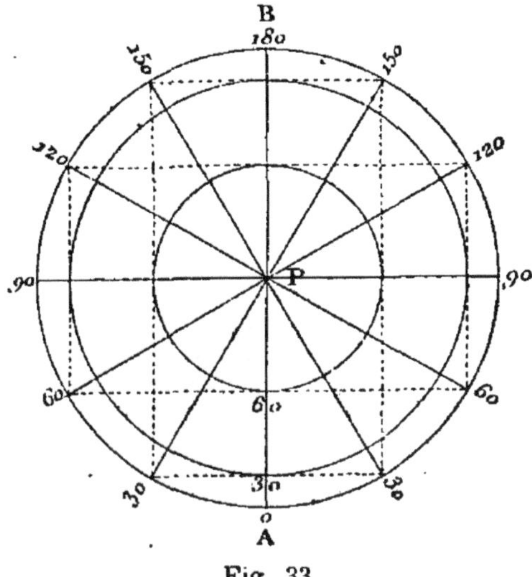

Fig. 33.

Il est bon de remarquer que pour une même différence de latitude, les parallèles sont d'autant plus rapprochés qu'ils sont plus voisins de l'équateur.

PROJECTION ORTHOGRAPHIQUE D'UN HÉMISPHÈRE

Sur un méridien. Sur l'équateur.

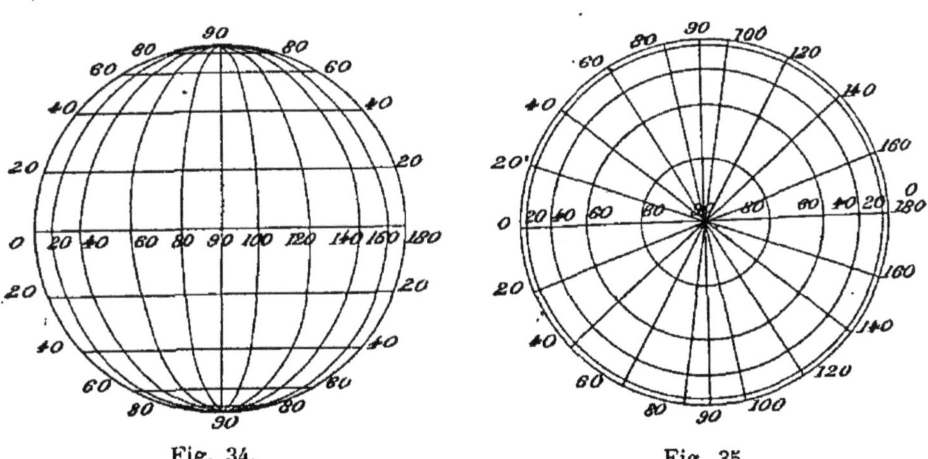

Fig. 34. Fig. 35.

94. Avantages et inconvénients du système orthographique. — Les parties centrales, étant sensiblement parallèles au plan de projection, sont représentées suivant leurs dimensions; mais vers les bords les projections sont de plus en plus rétrécies.

Le système orthographique est employé pour les cartes de la Lune et des planètes; il a l'avantage de représenter ces astres tels que nous les voyons.

PROJECTION STÉRÉOGRAPHIQUE

95. **Définition.** — La *projection stéréographique*[1] d'un point de la sphère terrestre est l'intersection du rayon visuel de ce point avec le plan ou tableau, le point de vue étant au pôle du grand cercle qui sert de tableau.

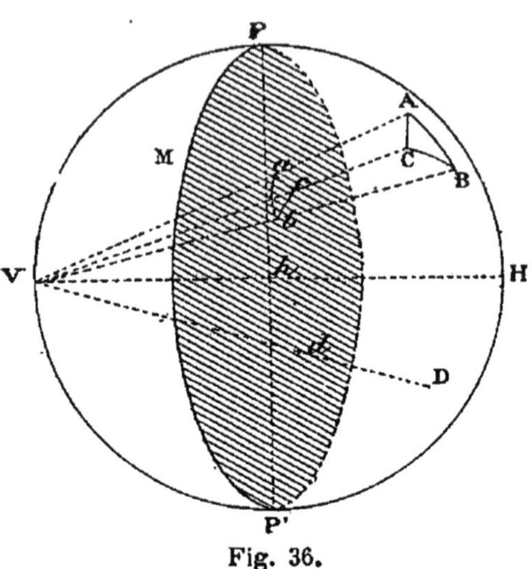

Fig. 36.

En prenant le grand cercle PMP' (fig. 36), le point de vue est en V et la projection stéréographique des points A, B, C, D... est *a, b, c, d...*

Ce mode de projection, généralement employé dans la construction des mappemondes, jouit des propriétés suivantes :

96. 1° **Les angles se projettent en vraie grandeur.** — Soit A

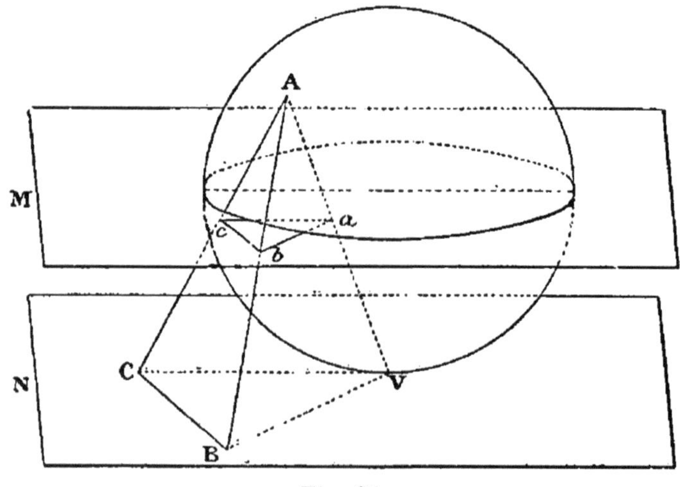

Fig. 37.

(fig. 37) l'intersection de deux courbes. Leur angle est celui de

[1] De deux mots grecs signifiant *solide*, *écrire*.

leurs tangentes AB, AC. Soit N un plan tangent au point de vue V et M un second plan parallèle au premier, passant par le centre de la sphère et servant de tableau.

La projection stéréographique de A sera *a*. Les tangentes rencontrent les plans M et N aux points *b*, *c*; B, C. L'angle *bac* est la projection stéréographique de BAC.

Si l'on joint BV et CV, on a CV=CA et BV=BA, comme tangentes à la sphère issues d'un même point. Le côté CB étant commun aux deux triangles CAB, CVB, ces deux triangles sont égaux; il en est de même de leurs angles BAC, BVC; mais les angles BVC et *bac* sont égaux comme ayant leurs côtés parallèles et dirigés dans le même sens; donc BAC=*bac*.

2° **Toute circonférence tracée sur la sphère a pour projection stéréographique une autre circonférence.** — Soit M le tableau

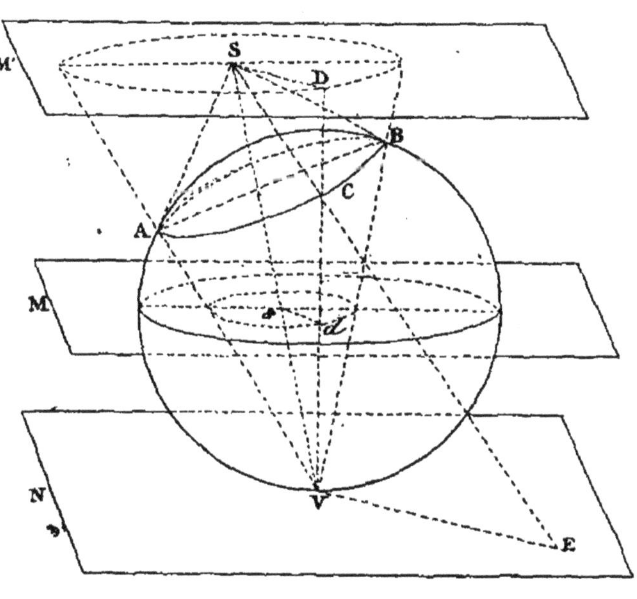

Fig. 38.

(fig. 38), ACB un cercle quelconque tracé sur le globe terrestre, S le sommet du cône circonscrit à la sphère suivant ce cercle, et M' un plan mené parallèlement au plan M par le sommet S. Soit encore D l'intersection du plan M' avec la droite qui joint le point de vue V à un point quelconque C de la circonférence AB; on mène SD et SC qu'on prolonge jusqu'à la rencontre en E du plan N parallèle à M et à M'.

La droite VE, qui est dans le plan des deux droites VD, SE, est parallèle à SD; donc les deux triangles SCD et VEC sont semblables. Mais les droites EV et EC sont égales comme tangentes à la sphère issues du même point E; donc SD = SC; SC étant une longueur constante, SD l'est aussi; donc, si le point C décrit la circonférence AB, le point D décrira une circonférence sur le plan M'.

Or la droite VD, en parcourant la circonférence AB, engendre un cône. Les sections par les plans M' et M sont semblables. La première est un cercle, la seconde aussi.

97. **Remarque.** — Toute circonférence qui passe par le point de vue se projette suivant l'intersection de son plan avec le tableau, c'est-à-dire suivant une ligne droite.

98. **Projection stéréographique sur un méridien.** — Soit le premier méridien PEP'E' (fig. 39) servant de tableau; le point de

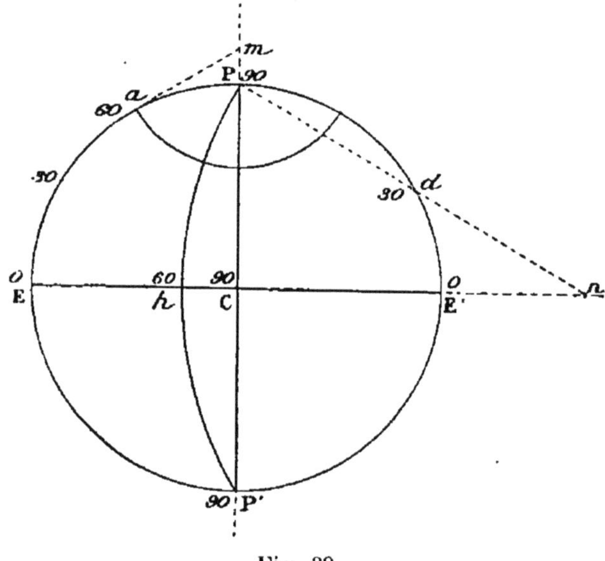

Fig. 39.

vue se projette au centre C; l'équateur et le méridien dont la longitude est 90° passant par le point de vue, se projettent suivant les droites rectangulaires EE' et PP' (n° 97).

Tous les parallèles se construisant de la même manière, ainsi que tous les méridiens, il suffira d'apprendre à construire un parallèle et un méridien.

99. **Construction d'un parallèle.** — Soit à construire le parallèle de 60°. Il coupe le premier méridien PEP'E' en *a* (fig. 39) suivant un angle droit (n° 96); donc le centre est sur la tangente *am*; il se trouve aussi sur l'axe PP'; il est donc en *m*. . . . . .

100. **Construction d'un méridien.** — Soit à construire le méridien de 60°. Les tangentes en P au premier méridien PEP'E' (fig. 39) et au méridien dont la longitude est 60° font un angle de 60°; il en est de même des rayons de ces méridiens (n° 96).

Le rayon PC étant connu, pour avoir le rayon du méridien cherché, il suffit de mener Pd qui fait avec PC un angle de 60° puisque l'arc P'd est de 120°. Le centre se trouve sur Pd.

Les méridiens passant par les pôles P et P' ont tous leurs centres sur EE'. Le centre cherché est donc en n.

101. On peut encore employer la méthode des rabattements. Il est facile de s'en rendre compte en observant que, dans les deux figures ci-dessous, les mêmes lettres désignent les mêmes points.

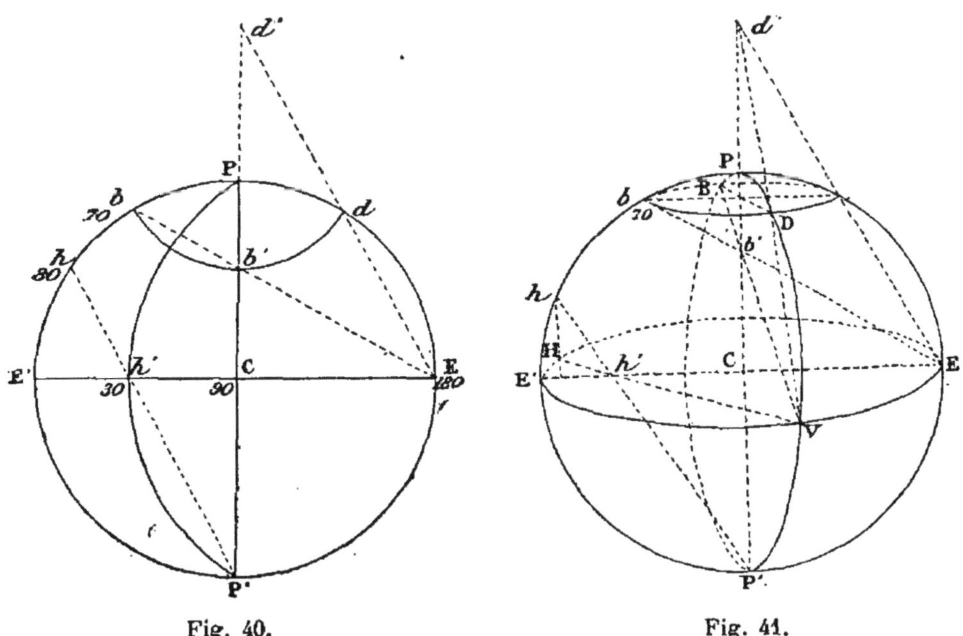

Fig. 40. Fig. 41.

Soit la sphère C (fig. 40 et 41) et V le point de vue. Le tableau est le grand cercle PEP'E'.

Le méridien dont la longitude est 90° et l'équateur se projettent suivant les droites PP' et EE' (n° 97.)

102. **Tracé des parallèles.** — Soit à tracer le parallèle 70°. On connaît les points b et d; il suffit d'en déterminer un troisième, par exemple celui qui se trouve sur PP'.

En rabattant le méridien PVP' sur le tableau, le rayon visuel VB vient en Eb; il rencontre PP' en b'. Ce point b' ne se déplace pas quand on relève le méridien; il est donc la projection stéréographique du point B.

103. **Tracé des méridiens.** — Soit le méridien de 30°. On connaît les points P et P′. En rabattant l'équateur sur le tableau, le rayon visuel VH vient en P′*h*; il coupe EE′ en *h*′. Ce point *h*′ ne change pas quand on relève l'équateur. Il est donc la projection stéréographique du point H et achève de déterminer le méridien.

104. **Projection stéréographique sur l'équateur.** — Le point de vue étant à l'un des pôles, sa projection est au centre de l'équateur; les méridiens se projettent suivant des rayons (n° 97); les parallèles, suivant des cercles concentriques à l'équateur et d'autant plus rapprochés qu'ils sont plus près du pôle.

105. **Tracé des méridiens.** — Le tableau ABCD (fig. 42 et 43) représente l'équateur; le pôle est projeté en P. Soit PD le premier méridien; les autres méridiens forment avec PD des angles égaux à la longitude. Si l'on veut représenter le méridien dont la longitude est 30°, par exemple, il suffit de tracer un rayon faisant avec PD un angle de 30°.

106. **Tracé des parallèles.** — Soit à tracer le parallèle dont la lati-

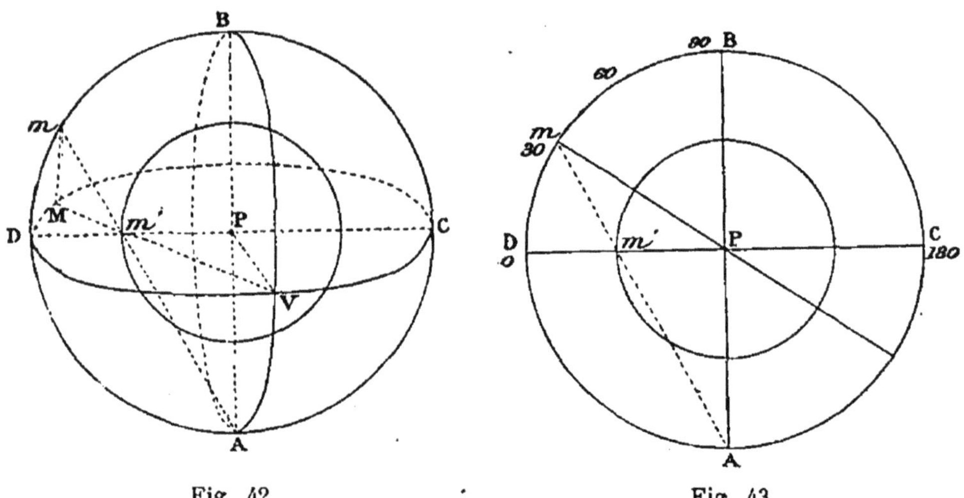

Fig. 42. Fig. 43.

tude est 30 degrés. Soit M (fig. 42), un point de ce parallèle situé sur le méridien VDC; arc DM = 30°; *m*′ est la projection stéréographique de M.

Le point de vue V étant rabattu en A, le point M l'est en *m*, l'arc D*m* (fig. 42 et 43) étant égal à 30°; le rayon visuel VM est rabattu en A*m*. Le point *m*′ n'ayant pas changé de place, *m*′ est la projection stéréographique du point M.

Il suffit donc, pour avoir le parallèle demandé, de décrire, avec Pm' pour rayon, un cercle concentrique à l'équateur.

PROJECTION STÉRÉOGRAPHIQUE D'UN HÉMISPHÈRE

Sur un méridien. Sur l'équateur.

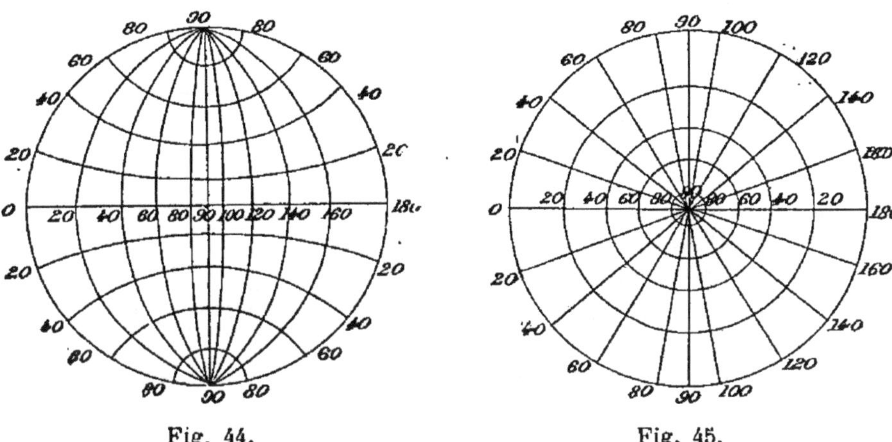

Fig. 44. Fig. 45.

107. Avantages et inconvénients du système stéréographique. — Ce système a l'avantage de représenter chaque partie de la surface terrestre par une figure semblable ; mais le rapport des surfaces est altéré.

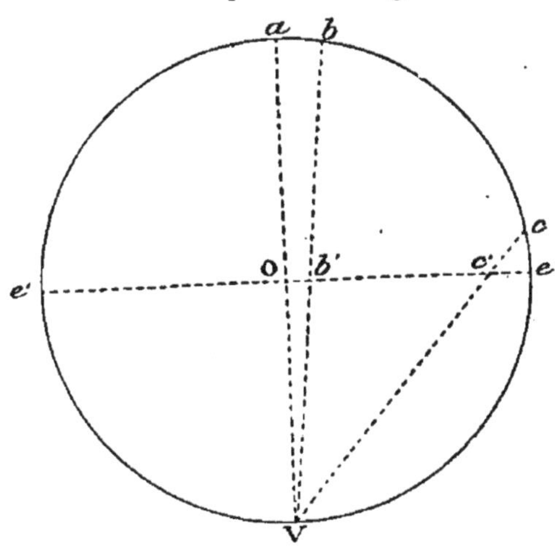

Fig. 46.

En effet, soit ee' la trace du plan du tableau sur lequel on projette l'hémisphère $e'ae$ (fig. 46).

L'arc ab a pour projection stéréographique Ob'. Le point O étant le milieu de Va, Ob' est sensiblement la moitié de ab. L'arc ce a pour projection $c'e$ qui lui est sensiblement égal.

Ainsi, aux bords de la carte, les surfaces se projettent à peu près en vraie grandeur, tandis que vers le centre elles sont sensiblement dans le rapport de 1 à 4, puisque les longueurs sont dans le rapport de 1 à 2.

Malgré ces inconvénients, le système stéréographique est celui qui donne les meilleurs résultats pour les cartes générales. Il est ordinairement employé dans la construction des mappemondes.

§ III

Développement cylindrique. — Loxodromie. — Projection de Mercator.

Les procédés de représentation qu'il nous reste à exposer consistent à substituer à la surface de la sphère une surface développable.

108. **Développement cylindrique.** — Soit EMNE′ (fig. 47) un cylindre tangent à la sphère suivant l'équateur EE′. Les méridiens PEP′, PMP′... s'y projettent suivant des génératrices EL′, MM′..., et les parallèles AB, CD..., suivant les cercles A′B′, C′D′... parallèles à l'équateur. En développant le cylindre, on obtient le canevas de la carte, dans lequel l'équateur est représenté en vraie grandeur par une ligne droite, les méridiens par des droites équidistantes, perpendiculaires à l'équateur, et les parallèles, par d'autres droites, parallèles à l'équateur, et de plus en plus rapprochées.

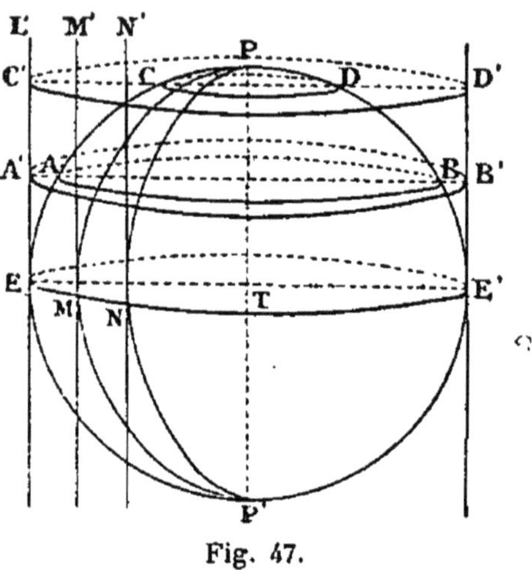

Fig. 47.

La zone équatoriale est seule représentée à peu près exactement.

109. **Loxodromie.** — La *loxodromie*[1] est une ligne à double courbure qui, sur la sphère, rencontre tous les méridiens sous un même angle.

Le plus court chemin d'un point à un autre, sur la sphère, est l'arc de grand cercle qui unit ces deux points; or, pour deux points qui ne sont ni sur un même parallèle ni sur un même méridien, l'arc de grand cercle qui les joint coupe tous les méridiens suivant des angles inégaux. Pour suivre cet arc, les navigateurs devraient, à chaque instant, modifier la direction du navire. Ils préfèrent suivre la loxodromie, qui est représentée par une ligne droite dans les cartes de Mercator[2].

---

[1] De deux mots grecs signifiant *oblique, course.*

[2] Mercator, Géographe flamand qui vivait au XVIe siècle.

110. **Projection de Mercator.** — Dans le développement cylindrique de Mercator, les parallèles sont tous égaux à l'équateur *eé* (fig. 48); ils sont donc de plus en plus agrandis à mesure que la latitude augmente. Mercator a augmenté dans la même proportion les arcs de méridien interceptés par ces parallèles.

A mesure qu'on approche du pôle l'agrandissement des arcs tend

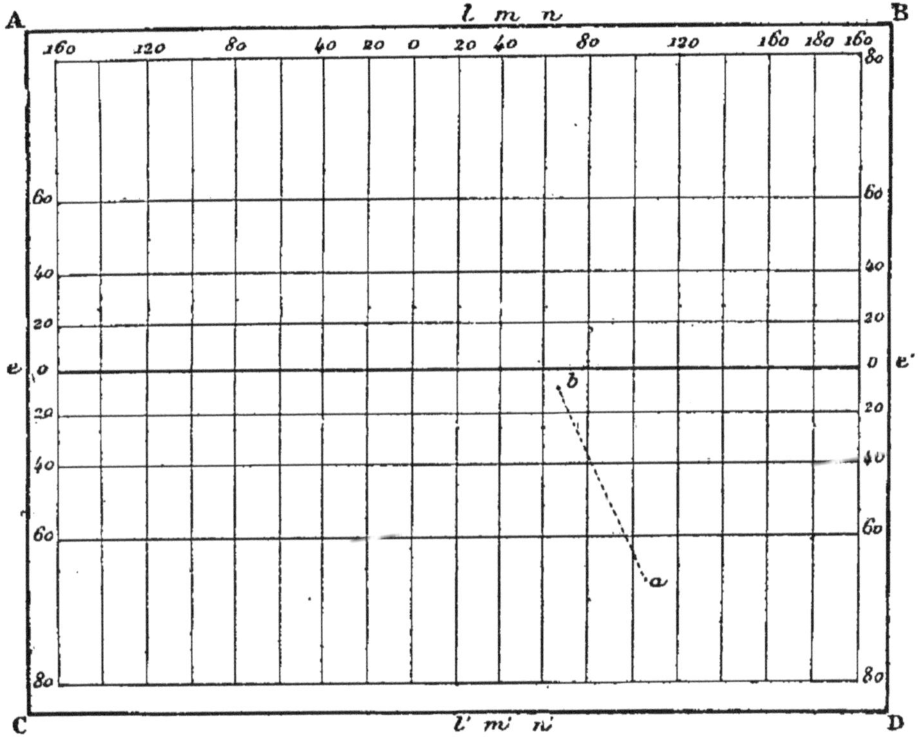

Fig. 48.

vers l'infini. Cette projection ne peut donc pas représenter les régions polaires.

La droite *ab* est la loxodromie qui va du point *a* au point *b*.

Il est à remarquer qu'avec les progrès de la navigation l'usage de la loxodromie tend à devenir moins général; les marins expérimentés trouvant une économie de temps et de charbon à suivre l'arc de grand cercle qui unit le point de départ au point d'arrivée.

§ IV

Développement conique. — Construction d'une carte d'après ce système. — Avantages et inconvénients du développement conique. — Construction de la carte de France. — Avantages du système employé.

111. **Développement conique.** — Dans la construction des cartes particulières, on emploie le *développement conique.* On circonscrit un cône tangent à la surface terrestre suivant le parallèle moyen de la zone à représenter; les plans des parallèles extrêmes déterminent le tronc de cône à développer.

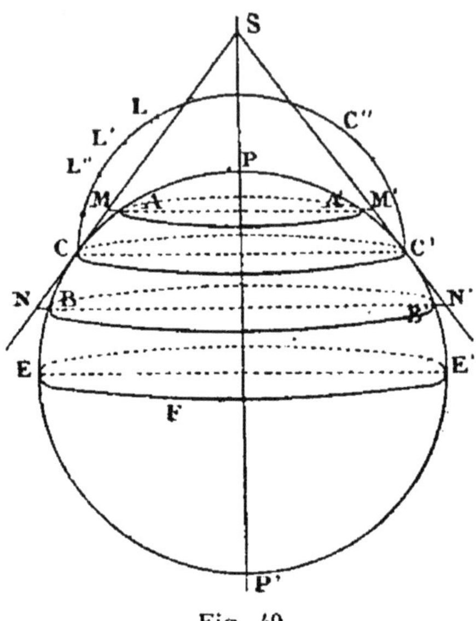

Fig. 49.

Dans ce système, les méridiens sont représentés par des génératrices rectilignes, et les parallèles par des arcs de cercle.

Soient P et P′ (fig. 49) les pôles, EFE′ l'équateur, PEP′E′ le méridien moyen, c'est-à-dire celui qui se trouve à égale distance des deux méridiens extrêmes.

Circonscrivons le cône suivant le parallèle moyen CC′. En prolongeant les parallèles extrêmes BB′ et AA′, on obtient le tronc de cône MNM′N′ qui diffère très peu de la zone ABA′B′, si l'arc AB n'est pas trop grand.

112. **Construction de la Carte.** — On développe le tronc de cône MNM′N′; pour cela, on décrit d'un point quelconque *s* (fig. 50) comme centre un arc dont le rayon *sc* est égal à SC (fig. 49); cet arc représente le parallèle moyen; les autres parallèles sont des arcs concentriques.

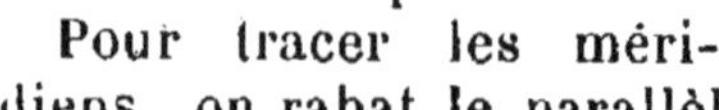

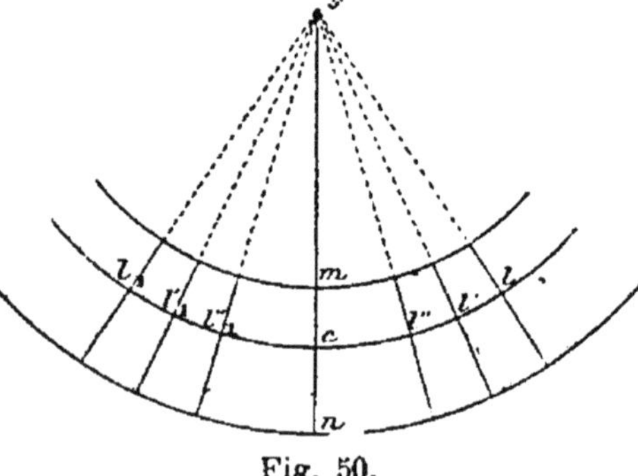

Fig. 50.

Pour tracer les méridiens, on rabat le parallèle moyen autour de son diamètre CC′

(fig. 49); on marque sur ce rabattement les points L, L′, L″... où les méridiens croisent le parallèle CC′.

Ensuite, on porte sur le parallèle moyen (fig. 50) la vraie grandeur des arcs CL, LL′, L′L″... On joint le point *s* aux points *l*, *l′*, *l″*... et l'on a les méridiens cherchés.

Si l'équateur était pris pour parallèle moyen, on serait ramené à la projection cylindrique.

113. **Avantages et inconvénients du développement conique.** — Dans le développement conique, les méridiens et les parallèles se coupent à angle droit sur la carte comme sur le globe terrestre; les surfaces sont à peu près exactement représentées aux environs du parallèle moyen, mais elles éprouvent des déformations de plus en plus sensibles à mesure qu'on s'en écarte. Ce système ne peut donc être employé que pour représenter les pays compris entre deux parallèles assez rapprochés.

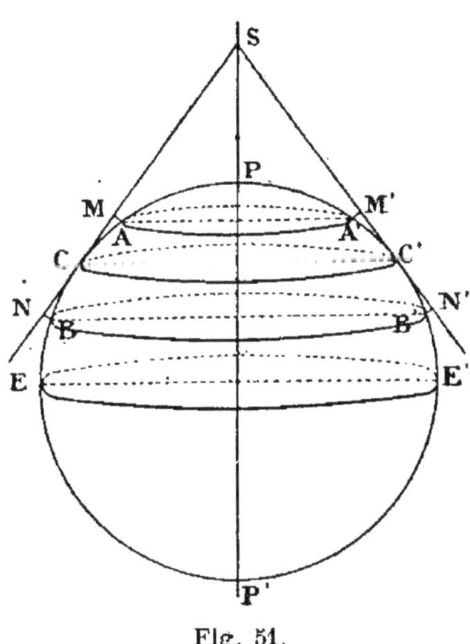

Fig. 51.

114. **Construction de la carte de France.** — Parmi les procédés imaginés pour remédier aux inconvénients des méthodes précédentes, l'un des plus remarquables a été appliqué à la construction de la magnifique *Carte de France* publiée par l'État-Major[1].

On a pris pour parallèle moyen celui de 45°.

Au lieu de substituer le tronc de cône MNM′N′ (fig. 49) à la zone ABA′B′, on a développé les arcs CA, CB, et porté ce développement sur la tangente SC en CM et CN (fig. 51), ce qui donne SM, SC, SN... pour rayons des parallèles.

---

[1] Cette carte est à l'échelle de $\frac{1}{80\,000}$; elle se compose de 274 feuilles ayant chacune 0m 80 de longueur sur 0m 50 de largeur. Les plans des principales villes ont été dessinés à part à l'échelle de $\frac{1}{20\,000}$ et celui du Mont-Blanc à $\frac{1}{40\,000}$. Il existe des agrandissements. On en a publié aussi une réduction au $\frac{1}{320\,000}$.

Les officiers d'*État-Major* s'occupent de la revision de cette carte, qui a été commencée il y a environ cinquante ans.

Pour avoir les méridiens, de degré en degré, on calcule la longueur d'un degré sur le parallèle moyen; on fait de même pour chaque parallèle tracé sur le canevas; on porte ces longueurs en *cf, ci, fb, ik... md, mg, de...* (fig. 52) de part et

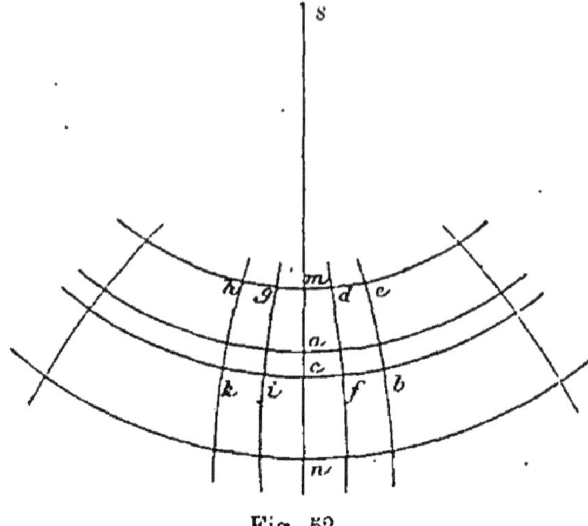

Fig. 52.

d'autre du méridien moyen, et l'on joint par des traits continus les points *d, f..., e, b...,* ainsi obtenus.

115. **Avantages de ce système.** — Cette carte représente les surfaces proportionnellement à leur étendue; car, en considérant le trapèze compris entre deux méridiens et deux parallèles assez rapprochés, on peut, sans erreur sensible, regarder comme plane la surface de ce trapèze relativement petit; or ce trapèze et celui qui le représente sur la carte ont mêmes bases et même hauteur; donc, ils ont même surface.

Le parallèle moyen coupe tous les méridiens à angle droit; il en est de même du méridien moyen à l'égard de tous les parallèles. Les autres parallèles et les autres méridiens se coupent sous des angles qui diffèrent de l'angle droit; mais cette différence n'atteint pas $\frac{1}{3}$ de degré dans la carte de France.

RÉSUMÉ

On appelle *carte*, la représentation, sur un plan, de la sphère céleste ou de la sphère terrestre.

On appelle *carte générale* ou *mappemonde* une carte qui représente toute la surface du globe.

Les *cartes particulières* ne représentent qu'une partie du globe.

Pour construire une carte géographique, on trace le *canevas,* c'est-à-dire les méridiens et les parallèles; on marque ensuite la position des lieux d'après leur longitude et leur latitude.

La surface de la Terre n'étant pas développable, on a recours à divers systèmes de représentation.

Pour les cartes générales, on emploie la *projection orthographique* ou la *projection stéréographique.*

La *projection orthographique* d'un point sur un plan est le pied de la perpendiculaire abaissée de ce point sur ce plan.

La projection orthographique d'un hémisphère se fait ordinairement sur un méridien.

Dans le système orthographique, les parties centrales de la carte sont seules représentées avec assez d'exactitude. Ce système est surtout employé pour dresser les cartes de la Lune et des planètes.

La *projection stéréographique* d'un point de la sphère terrestre est l'intersection du rayon visuel de ce point avec le plan ou *tableau.*

Le point de vue est au pôle du grand cercle qui sert de tableau.

Cette projection jouit des propriétés suivantes :

1° Les angles se projettent en vraie grandeur;

2° Toute circonférence de la sphère a pour projection stéréographique une autre circonférence.

La projection stéréographique d'un hémisphère se fait ordinairement sur un méridien.

Les méridiens, ainsi que les parallèles, se projettent suivant des arcs de cercle. L'équateur et le méridien qui passent par le point de vue se projettent suivant des lignes droites.

Aux bords de la carte, les surfaces sont sensiblement représentées en vraie grandeur, tandis que, vers le centre, elles sont diminuées dans le rapport de 1 à $\frac{1}{4}$.

Pour les cartes particulières, on emploie le *développement cylindrique* ou le *développement conique.*

La *projection de Mercator* est une modification du développement cylindrique pour la construction des cartes marines.

Le *développement conique* consiste à circonscrire un cône tangent à la surface terrestre suivant le *parallèle moyen* de la surface à représenter. Les plans des parallèles extrêmes déterminent le tronc de cône à développer.

C'est d'après ce système, un peu modifié, que les officiers de l'État-Major ont construit leur magnifique carte de France à l'échelle de $\frac{1}{80000}$.

TROISIÈME PARTIE

LE SOLEIL

CHAPITRE I

MOUVEMENT APPARENT DU SOLEIL

§ I

Déplacement du Soleil parmi les étoiles. — Mesure de l'ascension droite et de la déclinaison du Soleil. — Variations de l'ascension droite et de la déclinaison. — Ecliptique. — Obliquité de l'écliptique. — Équinoxes. — Point vernal. — Solstices. — Axe de l'écliptique. — Tropiques. — Cercles polaires. — Zodiaque. — Position du point vernal. — Instant du passage du Soleil au point vernal.

116. **Déplacement du Soleil parmi les étoiles.** — Le Soleil n'occupe pas constamment la même position parmi les étoiles; on peut s'en convaincre en remarquant qu'après son coucher ce ne sont pas les mêmes astres qu'on voit chaque jour dans la région du ciel qu'il vient de quitter.

Pour étudier d'une manière précise le mouvement du Soleil sur la sphère céleste, on mesure, chaque jour, son ascension droite et sa déclinaison.

117. **Mesure de l'ascension droite et de la déclinaison du Soleil.** — Le Soleil nous apparaissant sous la forme d'un disque circulaire, c'est l'ascension droite et la déclinaison du centre de ce disque qu'il faut déterminer.

L'ascension droite d'un astre se déduit de l'heure du passage de cet astre au méridien (n° 50).

L'heure du passage du Soleil au méridien est la moyenne des heures sidérales des passages du bord oriental et du bord occidental.

L'heure étant connue, on en déduit l'ascension droite (nº 50).

De même, la déclinaison du centre du Soleil, au moment de son passage au méridien, est la demi-somme des déclinaisons du bord inférieur et du bord supérieur.

118. **Variations de l'ascension droite et de la déclinaison.** — 1º *Ascension droite.* — En mesurant l'ascension droite du Soleil, on remarque que chaque jour elle augmente de près d'un degré. Si une étoile passe au méridien en même temps que le Soleil, le lendemain le Soleil passe au méridien environ quatre minutes après l'étoile, de sorte que, au bout d'un an, le Soleil aura fait un tour de moins que l'étoile.

Il est à remarquer que l'ascension droite ne croît pas uniformément.

2º *Déclinaison.* — La déclinaison, nulle vers le 21 mars, devient boréale et croît jusque vers le 21 juin, où elle est de 23º 27′ environ; elle diminue et redevient nulle vers le 21 septembre. Le Soleil passe alors dans l'autre hémisphère. La déclinaison, qui est devenue australe, augmente jusque vers le 22 décembre, époque où elle est d'environ 23º 27′; les jours suivants, elle diminue de nouveau jusqu'à ce que le Soleil rentre dans l'hémisphère boréal vers le 21 mars.

Les variations de la déclinaison sont plus rapides lorsque le Soleil est dans le voisinage de l'équateur, et elles deviennent insensibles lorsqu'il en est le plus éloigné.

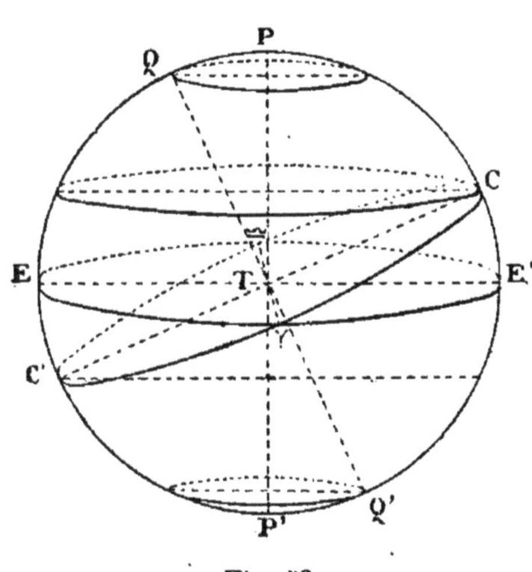

Fig. 53.

119. **Écliptique.** — L'*écliptique* est un cercle que le Soleil semble parcourir dans son mouvement annuel apparent.

On le trace au moyen de la déclinaison et de l'ascension droite. Pour cela, on marque sur un globe les positions successives du Soleil dans le courant d'une année. On obtient ainsi un grand cercle CC′ (fig. 53).

Le nom d'écliptique vient de ce que les éclipses n'ont lieu que lorsque la Lune se trouve dans le plan de ce cercle ou à une très faible distance.

120. **Obliquité de l'écliptique.** — L'écliptique est inclinée sur l'équateur d'un angle CTE′ (fig. 53) égal à 23° 27′ environ.

121. **Équinoxes. — Point vernal. — Solstices.** On appelle *ligne des équinoxes* l'intersection du plan de l'écliptique avec le plan de l'équateur.

Les deux extrémités de cette ligne sont les *points équinoxiaux*. Le point équinoxial du printemps est appelé *point vernal* [1].

Le *point vernal* est le point de l'écliptique où le Soleil passe de l'hémisphère austral dans l'hémisphère boréal; c'est l'une des extrémités de la ligne des équinoxes. A l'extrémité opposée se trouve le point équinoxial d'automne.

Les *solstices* [2] sont les deux points de l'écliptique les plus éloignés de l'équateur. Ils sont à 90° des équinoxes. Celui qui est dans l'hémisphère boréal est le *solstice d'été*, l'autre est le *solstice d'hiver*. La ligne qui les joint est la *ligne des solstices*.

122. **Axe de l'écliptique.** — On appelle *axe de l'écliptique* le diamètre de la sphère céleste perpendiculaire au plan de l'écliptique.

Ce diamètre QQ′ (fig. 53) fait avec l'axe du monde PP′ un angle égal à l'obliquité de l'écliptique.

123. **Tropiques.** — Les *tropiques* [3] sont les parallèles qui passent par les solstices. Ils sont à environ 23° 27′ de l'équateur. Le tropique C (fig. 53) du *Cancer* passe par le solstice d'été, et le tropique C′ du *Capricorne*, par le solstice d'hiver.

124. **Cercles polaires.** — Les *cercles polaires* sont les parallèles passant par les pôles de l'écliptique. Ils sont à environ 23° 27′ du pôle.

125. **Zodiaque.** — Le *zodiaque* [4] est une zone de la sphère céleste, limitée par deux circonférences parallèles à l'écliptique, dont elles sont distantes d'environ 9°. C'est dans cette zone que s'effectuent les mouvements de presque toutes les planètes.

Le zodiaque est divisé en douze parties égales, qu'on appelle *signes du zodiaque*. Le Soleil parcourt successivement ces douze divisions dans sa révolution annuelle.

---

1 Du latin : *ver*, printemps.

2 Du latin : *sol*, soleil; *stare*, s'arrêter.

3 D'un mot grec signifiant *tourner*.

4 D'un mot grec qui veut dire *petit animal*.

Voici le nom des signes du zodiaque avec leurs symboles, en commençant par ceux du printemps :

Printemps.	Le Bélier. ♈	Le Taureau. ♉	Les Gémeaux. ♊
Été.	Le Cancer. ♋	Le Lion. ♌	La Vierge. ♍
Automne.	La Balance. ♎	Le Scorpion. ♏	Le Sagittaire. ♐
Hiver.	Le Capricorne. ♑	Le Verseau. ♒	Les Poissons. ♓

Les signes portent les mêmes noms que les douze constellations zodiacales, mais ne coïncident pas avec elles (n° 208).

126. **Position du point vernal.** — Le point vernal étant l'origine des ascensions droites, la détermination de ce point est très importante. Comme il n'est pas marqué par une étoile, on est obligé de recourir au calcul.

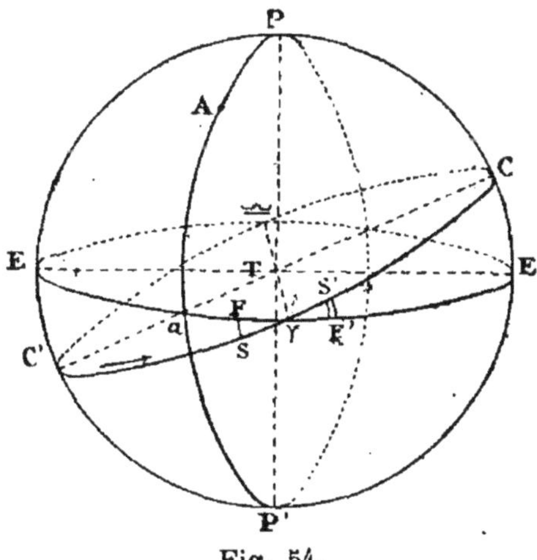

Fig. 54.

On observe le Soleil lorsqu'il est en S (fig. 54), un peu avant son passage de l'hémisphère austral dans l'hémisphère boréal.

On mesure sa déclinaison SF et son ascension droite F*a*, en prenant pour origine provisoire le point *a*, où le méridien d'une étoile quelconque A rencontre l'équateur.

Peu après le passage du Soleil au point vernal, on mesure sa déclinaison S'F' et son ascension droite *a*F'.

En admettant que les côtés des triangles SγF, S'γF' soient rectilignes, ces deux triangles rectangles en F et en F', sont semblables et donnent la proportion :

$$\frac{F\gamma}{FS} = \frac{F'\gamma}{F'S'};$$

d'où

$$\frac{F\gamma}{FS} = \frac{F\gamma + F'\gamma}{FS + F'S'},$$

ou enfin,

$$F\gamma = \frac{(F\gamma + F'\gamma)\,FS}{FS + F'S'} = \frac{(aF' - aF)\,FS}{FS + F'S'}.$$

En ajoutant à Fa la valeur trouvée pour $F\gamma$, on obtient l'ascension droite du point vernal par rapport à l'étoile A.

127. **Instant du passage du Soleil au point vernal.** — Pour déterminer l'instant du passage du soleil au point vernal, on règle préalablement une horloge sidérale, de manière qu'elle marque $0^h\ 0^m\ 0^s$, quand l'étoile A (fig. 54) passe au méridien du lieu. L'arc SS' étant très petit, on peut admettre qu'il a été parcouru d'un mouvement uniforme. Supposons qu'il se soit écoulé un temps t entre les deux observations indiquées au numéro précédent. En désignant par x le temps que le Soleil a mis pour parcourir l'arc $S\gamma$, et remarquant que les temps sont proportionnels aux arcs parcourus, on a,

$$\frac{x}{SF}=\frac{t-x}{S'F'};$$

d'où

$$\frac{x}{SF}=\frac{t}{SF+S'F'};$$

d'où enfin,

$$x=\frac{t\times SF}{SF+S'F'}.$$

Connaissant le temps x, on l'ajoute à l'heure de la première observation, et l'on a l'instant où le Soleil est passé au point vernal.

A cet instant, qui est l'origine des ascensions droites, une horloge sidérale doit marquer $0^h\ 0^m\ 0^s$.

§ II

Diamètre apparent d'un astre. — Mesure du diamètre apparent d'un astre. — Variations du diamètre apparent du Soleil. — Variations de la distance du Soleil à la terre. — Le Soleil paraît décrire une ellipse dans le plan de l'écliptique. — Calcul de l'excentricité. — Périgée. — Apogée. — Lignes des apsides. — Vitesse angulaire du Soleil. — Principe des aires.

128. **Diamètre apparent d'un astre.** — Le *diamètre apparent d'un astre* est l'angle sous lequel nous apercevons cet astre.

Le diamètre apparent de l'astre A est l'angle *atb* (fig. 55).

129. **Mesure du diamètre apparent d'un astre.** — Pour obtenir le diamètre apparent d'un astre, on détermine avec le cercle mural la distance zénithale du bord inférieur et celle du bord supérieur au moment du passage au méridien (n° 53); la différence des deux résultats donne le diamètre cherché.

130. Pour des astres très éloignés, le diamètre apparent varie en raison inverse de la distance de ces mêmes astres.

En effet, soient d et d' les diamètres apparents pour les points t et t', et D et D' les distances.

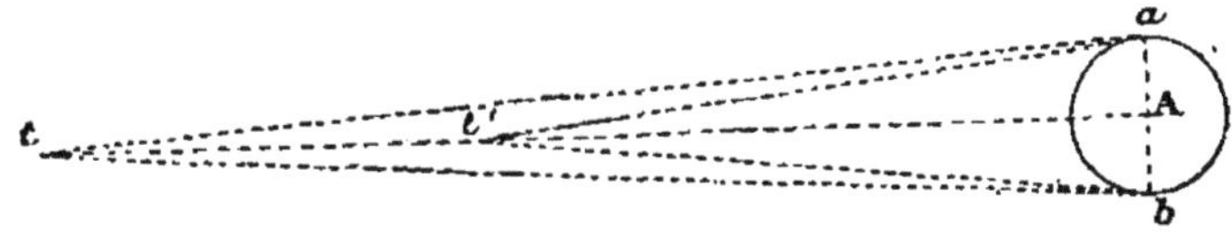

Fig. 55.

A cause de la grandeur des distances et de la petitesse des angles, les arcs qui mesurent les diamètres apparents atb, $at'b$, se confondant sensiblement avec ab, sont égaux. On a donc

$$\pi D \times \frac{d}{360} = \pi D' \times \frac{d'}{360},$$

d'où

$$Dd = D'd'$$

ou

$$\frac{d}{d'} = \frac{D'}{D}.$$

131. **Variations du diamètre apparent du Soleil.** — Le diamètre apparent du Soleil n'est pas constant; il atteint un maximum vers le 31 décembre. Il est alors de 32′ 36″,2. A partir de ce moment, il diminue jusque vers le 1er juillet, où il n'est que de 31′ 30″,3; il augmente de nouveau jusqu'au 31 décembre.

132. **Variations de la distance du Soleil à la Terre.** — La distance du Soleil à la Terre varie donc continuellement; elle est minimum au solstice d'hiver et maximum au solstice d'été; donc le Soleil ne décrit pas un cercle dont la Terre occuperait le centre.

133. **Le Soleil paraît décrire une ellipse dans le plan de l'écliptique.** — Pour trouver la forme de l'orbite du Soleil, portons sur

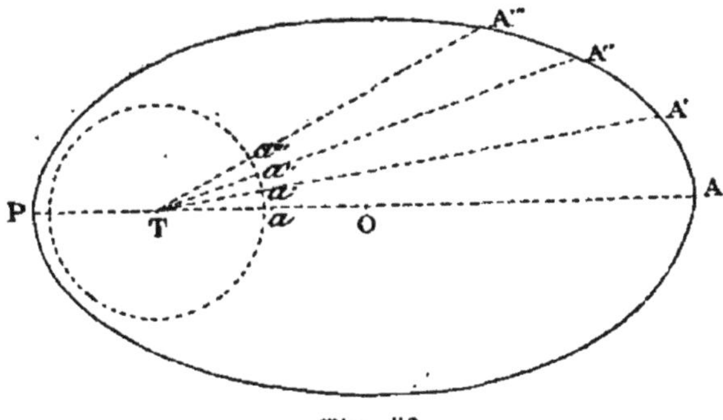

Fig. 56.

une circonférence Ta (fig. 56) des arcs aa', $a'a''$, $a''a'''$... proportionnels à ceux que le Soleil parcourt chaque jour de l'année sur l'écliptique.

Sur les rayons Ta, Ta', Ta''..., prenons des longueurs TA, TA', TA''... proportionnelles aux distances du Soleil à la Terre en chacun de ces jours. Ces distances sont inversement proportionnelles aux diamètres apparents du Soleil (nº 130).

On joint par un trait continu les points A, A', A''... On trouve ainsi que l'orbite du Soleil est une ellipse dont la Terre occupe l'un des foyers.

Cette ellipse diffère très peu d'une circonférence.

134. **Calcul de l'excentricité.** — L'excentricité d'une ellipse est le rapport de la distance focale du centre de cette courbe à son demi-grand axe.

En désignant par e cette excentricité on a :

$$e = \frac{OT}{OP} \text{ ou } \frac{2\,OT}{2\,OP} \text{ (fig. 56).}$$

d'où

$$e = \frac{TA - TP}{TA + TP} \ (1).$$

Si, à la distance TP, le diamètre apparent du Soleil est d, et s'il est d' à la distance TA, on a :

$$\frac{d}{d'} = \frac{TA}{TP},$$

d'où

$$\frac{d - d'}{d + d'} = \frac{TA - TP}{TA + TP} \ (2).$$

Les égalités (1) et (2) donnent

$$e = \frac{d - d'}{d + d'};$$

Or, en remplaçant d par la valeur maximum du diamètre apparent du Soleil et d' par la valeur minimum (nº 131), on trouve

$$e = \frac{1}{60} \text{ environ.}$$

Si l'on construisait la courbe avec ces proportions, il serait difficile de la distinguer d'une circonférence.

135. **Périgée. — Apogée. — Ligne des apsides.** — On nomme *périgée* [1] le point où le Soleil est le plus rapproché de la Terre.

L'*apogée* [2] est le point où le Soleil est le plus éloigné de la Terre.

La *ligne des apsides* [3] est la droite qui joint l'apogée au périgée. C'est le grand axe de l'ellipse.

---

1 D'une expression grecque qui signifie *autour de la Terre.*

2 » » » *loin de la Terre.*

3 D'un mot grec signifiant *arc.*

Le périgée a lieu en P (fig. 57) vers le 31 décembre, environ dix jours après le solstice d'hiver. Par conséquent, la ligne des solstices et le grand axe de l'ellipse font un angle d'environ 10 degrés.

L'apogée a lieu en A vers le 1er juillet.

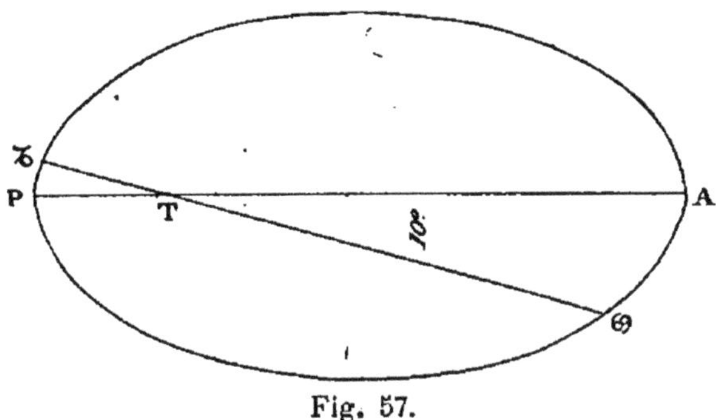

Fig. 57.

136. **Vitesse angulaire du Soleil.** — La vitesse angulaire du Soleil est l'angle dont cet astre se déplace pendant un jour sidéral.

Cet angle est variable (n° 118); sa valeur maximum, 1° 1′ 9″, a lieu vers le 1er janvier et sa valeur minimum, 57′ 12″, vers le 1er juillet; sa valeur moyenne est d'environ 59′.

137. **Principe des aires.** — *Les aires décrites par le rayon vecteur sont proportionnelles aux temps employés à les décrire.*

Soient SS′ et S_1S_2 (fig. 58), deux arcs parcourus par le Soleil cha-

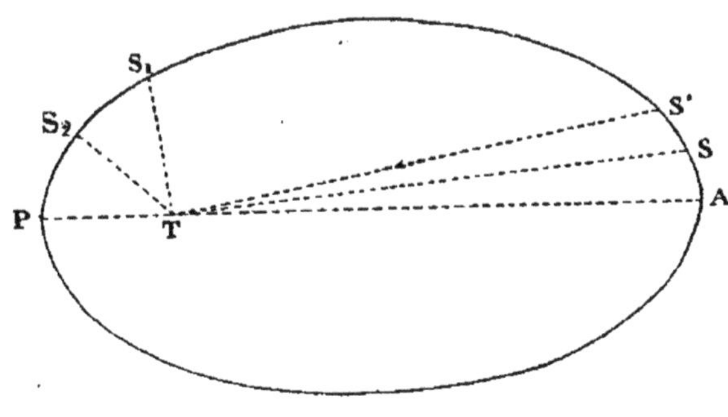

Fig. 58.

cun en un jour sidéral; n et n' les angles dont le Soleil s'est déplacé sur l'écliptique pendant chacun de ces jours.

On peut considérer les surfaces STS′ et S_1TS_2 comme des secteurs circulaires.

Les surfaces de ces secteurs sont pour l'un

$$\frac{\pi\,\overline{ST}^2 \times n}{360} \quad (1).$$

pour l'autre

$$\frac{\pi\,\overline{S_1T}^2 \times n'}{360} \quad (2).$$

Or, en comparant les vitesses angulaires avec les distances du Soleil à la Terre, on a reconnu que la vitesse angulaire du Soleil est en raison inverse du carré de sa distance à la Terre.

On a donc

$$\frac{n}{n'} = \frac{\overline{S_1T}^2}{\overline{ST}^2},$$

d'où

$$\overline{ST}^2 \times n = \overline{S_1T}^2 \times n'.$$

Donc les surfaces (1) et (2) sont égales.

D'où l'on conclut que *le rayon vecteur décrit des aires égales dans des temps égaux.*

On doit à Képler[1] la découverte de cette loi importante.

RÉSUMÉ

Le Soleil se déplace constamment par rapport aux étoiles ; on constate ce mouvement en mesurant chaque jour son ascension droite et sa déclinaison.

L'ascension droite augmente d'un degré environ en 24 heures. La déclinaison, nulle vers le 20 mars, devient boréale et croît jusque vers le 21 juin, où elle est de 23° 27′ environ : elle diminue ensuite, pour redevenir nulle vers le 21 septembre. Elle devient alors australe, puis elle augmente jusqu'au 22 décembre.

L'*écliptique* est le cercle que le Soleil semble parcourir dans son mouvement annuel apparent.

Le plan de l'écliptique fait avec celui de l'équateur un angle d'environ 23° 27′.

On appelle *ligne des équinoxes* l'intersection de l'écliptique avec le plan de l'équateur.

Le *point équinoxial du printemps,* ou *point vernal,* est le point où le Soleil passe de l'hémisphère austral dans l'hémisphère boréal ; le point diamétralement opposé est le *point équinoxial d'automne.*

Les *solstices* sont les deux points de l'écliptique les plus éloignés de l'équateur ; l'un est le *solstice d'été*, et l'autre, le *solstice d'hiver.*

On appelle *axe de l'écliptique* le diamètre de la sphère céleste perpendiculaire au plan de l'écliptique.

Les *tropiques* sont les parallèles qui passent par les solstices ; ils sont à environ 23° 27′ de l'équateur. Le *tropique du Cancer* passe par le solstice d'été, et celui du *Capricorne,* par le solstice d'hiver.

---

[1] Képler, astronome célèbre, né en 1571, dans le Wurtemberg ; mort en 1630. Il a fait aussi d'importantes découvertes en géométrie et en physique.

Les *cercles polaires* sont les parallèles passant par les pôles de l'écliptique. Ils sont à environ 23°27′ du pôle de la sphère céleste.

Le *zodiaque* est une zone de la sphère céleste limitée par deux circonférences parallèles à l'écliptique dont elles sont distantes d'environ 9 degrés.

Le zodiaque est divisé en douze parties égales appelées *signes du zodiaque.*

Les signes du zodiaque ne doivent pas être confondus avec les constellations zodiacales.

Le *diamètre apparent* d'un astre est l'angle sous lequel nous apercevons cet astre.

Le diamètre apparent varie en raison inverse de la distance de l'astre.

Le Soleil, dans son mouvement apparent, décrit une ellipse dont la Terre occupe l'un des foyers.

On nomme *périgée* le point où le Soleil est le plus rapproché de la Terre, et *apogée* le point où il en est le plus éloigné.

Le Soleil est au périgée vers le 31 décembre et à l'apogée vers le 1er juillet.

Képler a découvert le principe suivant connu sous le nom de principe des aires : *Les aires décrites par le rayon vecteur sont proportionnelles aux temps employés à les décrire.*

CHAPITRE II

MESURE DU TEMPS

---

§ I

Jour sidéral. — Jour solaire vrai. — Jour solaire moyen. — Durée du jour solaire moyen. — Origine du jour solaire moyen. — Équation du temps. — Année. — Saisons. — Inégale durée des saisons.

138. La succession du jour et de la nuit et celle des saisons exercent une si grande influence sur la vie de l'homme, que les mouvements du Soleil, qui en règlent la durée, ont toujours servi à mesurer le temps.

Le *jour* est naturellement l'unité de temps. On distingue le jour sidéral, le jour solaire vrai et le jour solaire moyen.

139. **Jour sidéral.** — Le *jour sidéral* est le temps compris entre deux passages supérieurs consécutifs d'une étoile au même méridien.

Le jour sidéral étant invariable, les astronomes l'ont pris pour unité de temps; mais il a l'inconvénient de commencer successivement à toutes les heures du jour solaire; il ne peut donc pas servir pour unité de temps dans les usages de la vie.

140. **Jour solaire vrai.** — Le *jour solaire vrai* est le temps qui s'écoule entre deux passages supérieurs consécutifs du Soleil au même méridien.

Le jour solaire vrai est variable : 1° parce que le mouvement du Soleil sur l'écliptique n'est pas uniforme; 2° parce que l'écliptique est incliné sur l'équateur. Par suite, aux environs des solstices, un arc d'un degré, par exemple, se projette sur l'équateur en vraie grandeur, tandis que vers les équinoxes, il se projette suivant un arc plus petit.

Pour obvier aux inconvénients du jour sidéral et du jour solaire vrai, on a imaginé le *jour solaire moyen.*

141. **Jour solaire moyen.** — Pour déterminer la durée du jour solaire moyen, on a supposé un Soleil fictif, ou Soleil moyen, partant du point vernal en même temps que le Soleil vrai, et parcourant l'équateur avec une vitesse uniforme, dans le même temps que le Soleil vrai parcourt l'écliptique.

On appelle *jour solaire moyen* le temps compris entre deux passages consécutifs du Soleil moyen au méridien.

Le Soleil moyen est tantôt en avance, tantôt en retard sur le Soleil vrai.

142. **Durée du jour solaire moyen.** — Nous verrons plus loin (n° 208) que le Soleil vrai ne décrit pas entièrement l'écliptique en 366 jours sidéraux 242217. De même, le Soleil moyen ne décrit pas entièrement l'équateur pendant ce temps; il lui reste encore à parcourir un petit arc de 50",2. Dans un jour sidéral, le Soleil moyen parcourt donc un arc $a = \frac{360° - 50'',2}{366,242\,217}$; cet arc étant parcouru en sens inverse du mouvement diurne, le Soleil moyen parcourt, dans un jour sidéral, non pas 360°, mais $360° - a$.

Pour parcourir un arc de $360° - a$, le Soleil moyen met 1 jour sidéral; pour parcourir 360°, c'est-à-dire pour mesurer un jour solaire moyen, il lui faudra $\frac{1 \text{ j. sid.} \times 360°}{360° - a}$.

En remplaçant a par sa valeur, on trouve :

1 j. sid. 00 273 908 ou 1 j. sid. 0h. 3m. 56s., 555.

143. **Origine du jour moyen.** — Les astronomes font commencer le jour à midi moyen et comptent les heures de 0 à 24.

Dans les usages civils, le jour commence à minuit moyen et il se divise en deux périodes de 12 heures chacune.

Il est midi vrai quand le Soleil vrai passe au méridien.

Il est midi moyen quand le Soleil moyen passe au méridien.

On ne peut observer que le midi vrai, car le Soleil moyen est un astre fictif.

Pour avoir le midi moyen, on a recours à l'*équation du temps*.

144. **Équation du temps.** — On appelle *équation du temps* le temps qu'il faut ajouter au midi vrai pour avoir le midi moyen.

L'équation du temps est positive si le Soleil vrai passe au méridien avant le Soleil moyen; elle est négative dans le cas contraire.

La *Connaissance des temps* contient l'équation du temps pour tous les jours de l'année. Dès lors il est facile de régler une montre. A midi vrai on lui fait marquer 12 heures plus ou moins l'équation du temps, suivant que celle-ci est positive ou négative.

L'*Annuaire du Bureau des longitudes* donne l'heure moyenne à midi vrai.

En consultant ces éphémérides, on voit que le midi moyen correspond au midi vrai quatre fois par an : vers le 15 avril, le 14 juin, le 1er septembre et le 24 décembre. Le midi moyen précède le midi vrai du 24 décembre au 15 avril, et du 14 juin au 1er septembre; il le suit pendant le reste de l'année.

L'équation du temps n'atteint jamais 17 minutes; c'est vers le 2 novembre qu'elle arrive à son maximum.

Anciennement les horloges se réglaient sur le midi vrai. Il était nécessaire de faire des corrections fréquentes pour les maintenir d'accord avec le mouvement du Soleil; ce n'est que depuis 1816 qu'elles sont réglées de manière à marquer le temps moyen.

145. **Année.** — On distingue l'*année sidérale*, l'*année tropique* et l'*année civile*.

Année sidérale. — L'*année sidérale* est le temps compris entre deux passages consécutifs du Soleil au méridien d'une même étoile.

Année tropique. — L'année tropique est le temps qui sépare deux passages consécutifs du Soleil à l'équinoxe du printemps.

L'année tropique a $20^m\,18^s$ environ de plus que l'année sidérale; elle vaut 366 j. sidéraux 242 217 ou 366 j. sid. $5^h\,48^m\,47^s,55$.

Puisque un jour solaire moyen vaut 1 j. sid. 00273908 (n° 142), l'année tropique vaut $\dfrac{366{,}242217}{1{,}00273908}$ ou 365 j. sol. moyens 242256, soit 365 j. s. m. $5^h\,48^m\,50^s,92$.

146. **Année civile.** — L'année civile se compose d'un nombre exact de jours.

Elle en a tantôt 365, tantôt 366, afin de conserver la concordance avec la marche du Soleil.

147. **Saisons.** — Les équinoxes et les solstices divisent l'année en quatre saisons : le *printemps*, l'*été*, l'*automne* et l'*hiver*.

148. Inégale durée des saisons. — Si la ligne des solstices (fig. 59) se confondait avec le grand axe CC′ de l'ellipse, le printemps serait égal à l'été et l'automne à l'hiver, les deux premières saisons étant plus longues que les deux dernières; mais comme ces deux lignes ne se confondent pas (nº 135), la ligne des solstices et celle des équinoxes divisent l'ellipse en quatre arcs inégaux.

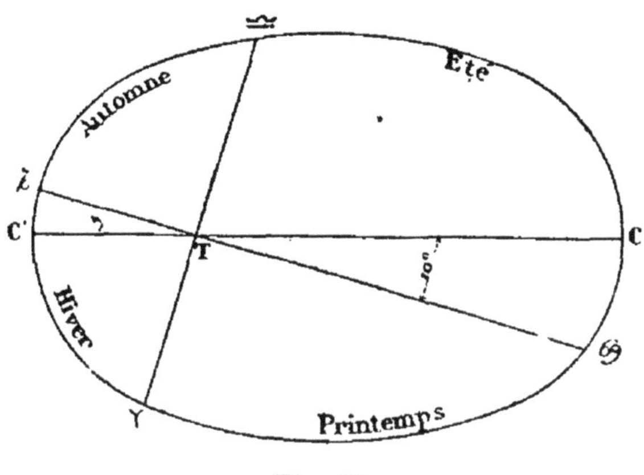

Fig. 59.

L'inégalité des saisons provient encore de ce que la vitesse maximum du Soleil a lieu pendant l'hiver et la vitesse minimum pendant l'été.

L'hiver	dure	89 jours	1 heure	environ.
L'automne	—	89 jours	18 heures	—
Le printemps	—	92 —	21 —	—
L'été	—	93 —	14 —	—

L'automne et l'hiver durent ensemble environ huit jours de moins que le printemps et l'été réunis.

On verra (nº 208) que l'équinoxe du printemps et le périgée se rapprochent lentement. Lorsque ces deux points se confondront le printemps sera égal à l'été et l'automne à l'hiver.

§ II

Calendrier. — Ère. — Année chez les différents peuples. — Réforme Julienne. — Erreur de l'année Julienne. — Adoption du calendrier Julien par l'Église. — Réforme Grégorienne. — Adoption de la réforme Grégorienne. — Premier jour de l'année. — Mois. — Semaine. — Lettres dominicales. — Cycle solaire.

149. **Calendrier.** — Le *calendrier* est l'ensemble des conventions adoptées pour faire coïncider l'année civile avec l'année tropique et en fixer les subdivisions.

150. **Ère.** — Pour compter les années, on choisit pour point de départ une époque mémorable. L'*ère chrétienne,* adoptée par presque tous les peuples civilisés, a commencé à la naissance de Notre-Seigneur Jésus-Christ; celle des Romains, à la fondation de Rome, 753 ans avant l'ère chrétienne; celle des Mahométans, ou *ère de l'Hégire,* l'an 622 de notre ère.

151. **Année chez les différents peuples.** — L'année des Égyptiens comprenait 360 jours divisés en 12 mois de 30 jours chacun; ainsi l'équinoxe du printemps se trouvait, chaque année, en retard d'environ 5 jours $\frac{1}{4}$ sur l'année précédente; en moins de 18 ans, le printemps avait pris la place de l'été; et, dans une période de 70 ans à peu près, il avait parcouru toutes les époques de l'année. Plus tard, on corrigea une partie de l'erreur en faisant l'année de 365 jours; mais cette nouvelle année, différant encore de l'année astronomique, déplaçait aussi les saisons. En effet, tous les ans, on commettait une erreur sensiblement égale à $\frac{1}{4}$ de jour; et, tous les quatre ans, l'équinoxe était en retard d'un jour environ. Au bout de 365 ans, le printemps prenait la place de l'été, et ce n'était qu'après 1 460 ans qu'il pouvait revenir à l'époque normale.

On désigne sous le nom d'année *vague, égyptienne* ou de *Nabonassar,* une période de 365 jours; 1 460 années vagues forment la *période sothiaque.*

152. **Réforme julienne.** — Vers l'an 46 avant J.-C. Jules César entreprit de réformer le calendrier. Sur les indications de Sosigène, astronome d'Alexandrie, il compta l'année de 365 jours $\frac{1}{4}$; et ordonna que, sur quatre années, il y en aurait trois de 365 jours et une quatrième de 366 jours, qui serait appelée *bissextile.*

Le jour supplémentaire fut ajouté au mois de février. Dans l'année bissextile ce mois a 29 jours[1].

Pour corriger les erreurs commises précédemment, Jules César ordonna que l'année de la réforme compterait 445 jours. Cette année fut appelée *année de confusion*.

153. **Adoption du calendrier Julien par l'Église.** — En 325, l'équinoxe du printemps arrivait le 21 mars; les évêques de la chrétienté, réunis au concile de Nicée, eurent à s'occuper du calendrier. Croyant que la réforme Julienne faisait exactement coïncider l'année civile avec l'année tropique, ils en adoptèrent l'usage, avec cette convention que les années bissextiles seraient celles dont le millésime est divisible par 4.

154. **Erreur de l'année Julienne.** — Cette réforme de l'année, tout en diminuant l'erreur, ne la faisait pas disparaître complètement. Chacune des nouvelles années, au lieu d'être trop courte, comme précédemment, se trouvait trop longue de 365 j., 25 — 365 j., 242 256, c'est-à-dire de 0,007 744 de jour; l'accumulation de ces petites erreurs devait produire à la longue une différence considérable entre l'année civile et l'année tropique.

155. **Réforme Grégorienne.** — Avec les années, les erreurs de la réforme Julienne s'accumulèrent; en 1582, c'est-à-dire 1257 ans après le concile de Nicée, l'erreur était déjà de 0,007 744 × 1257, soit 9 j., 734 208, et l'équinoxe du printemps arrivait le 11 mars, au lieu du 21.

Le pape Grégoire XIII ramena l'équinoxe du printemps à la même date qu'au concile de Nicée, c'est-à-dire au 21 mars. Pour cela, il retrancha 10 jours à l'année courante et ordonna que le 5 octobre 1582 deviendrait le 15.

Pour faire disparaître à l'avenir les causes d'erreur, il décida qu'on retrancherait trois années bissextiles tous les 400 ans. Pour cela, il fut convenu que les années séculaires ne seraient bissextiles que lorsque le nombre de siècles est divisible par 4. Ainsi 1600 et 2000 sont bissextiles, tandis que 1700, 1800, 1900, 2100... ne le sont pas.

La réforme Grégorienne laisse encore subsister une légère erreur. En effet, en 400 ans l'erreur du calendrier Julien est de 0,007 744 × 400 ou de 3 j., 0976, soit 3 j., 1; la réforme Grégo-

[1] Ce jour supplémentaire fut placé après le sixième jour avant les calendes de mars (*sexto calendas*) qui alors était doublé (*bissexto-calendas*), d'où le mot *bissextile*.

rienne a corrigé l'erreur de trois jours; il reste encore à retrancher environ 0,1 de jour tous les 400 ans ou 1 jour en 4000 ans.

156. **Adoption de la réforme Grégorienne.** — Cette réforme fut adoptée en France le 10 décembre 1582; les pays catholiques de l'Allemagne l'adoptèrent en 1584, et les pays protestants, y compris la Suisse, le Danemark et la Suède, ne s'y conformèrent qu'en 1600; enfin, l'Angleterre attendit jusqu'en 1752.

Les peuples schismatiques russes et les Grecs suivent encore le calendrier Julien; la discordance entre les deux calendriers, qui était de 10 jours en 1582, est maintenant de 12 jours, les années 1700 et 1800 n'ayant pas été bissextiles pour nous.

Dans les relations avec ces peuples, on indique d'abord la date du *vieux style*, qui est la leur, et ensuite celle du *nouveau style* de la manière suivante : $\frac{3}{15}$ février, $\frac{\text{24 août}}{\text{5 septembre}}$.

157. **Premier jour de l'année.** — A Rome, sous Romulus, et plus tard dans les Gaules, sous les Mérovingiens, l'année commençait au mois de mars et ne se composait que de dix mois. Alors, les mois de septembre, octobre, novembre et décembre, qui sont aujourd'hui les 9e, 10e, 11e et 12e mois étaient les 7e, 8e, 9e et 10e, ce qui explique leurs noms. On croit que janvier et février furent ajoutés par Numa.

Sous les Carlovingiens et les Capétiens, l'année commençait au jour de Noël, puis au jour de Pâques. Enfin, Charles IX, par une ordonnance de 1564, la fit commencer au 1er janvier.

158. **Mois.** — Le *mois* est une division de l'année ayant une durée de 30 ou de 31 jours, à l'exception de février qui n'en a que 28 les années ordinaires et 29 les années bissextiles [1].

159. **Semaines.** — La *semaine* est une période de sept jours. L'année a 52 semaines plus un ou deux jours, suivant qu'elle est ordinaire ou bissextile.

Si une année commence un dimanche, par exemple, la suivante commencera un lundi quand la précédente n'a pas été bissextile, et un mardi dans le cas contraire.

160. **Lettres dominicales.** — On désigne chaque jour, à partir

---

[1] Comme il arrive quelquefois qu'on ne se rappelle pas si un mois a 30 ou 31 jours, on a imaginé le procédé suivant pour aider la mémoire. On ferme la main gauche et on nomme le mois de janvier sur la saillie qui forme la base de l'index, le mois de février sur le creux qui est entre cette saillie et la suivante, mars sur la seconde saillie, et ainsi de suite; juillet correspond à la dernière saillie. On recommence en nommant août, septembre, etc. Les mois de 31 jours correspondent aux saillies, et les autres, aux creux.

du premier janvier, par l'une des sept lettres A, B, C, D, E, F, G..., et l'on recommence la série sans interruption. La même lettre reparaît régulièrement tous les sept jours. Si la lettre A, par exemple, correspond au premier dimanche de l'année, elle correspondra de même à tous les autres dimanches. Elle s'appelle pour cette raison *lettre dominicale*.

Chacune des sept lettres devient dominicale à son tour. En effet, l'année se composant de 52 semaines et un jour, il en résulte que si une année a eu pour lettre dominicale C, la lettre dominicale de l'année suivante sera B. Si l'année avait été bissextile, la lettre dominicale de l'année suivante serait A.

Les années bissextiles ont deux lettres dominicales : la première est dominicale jusqu'à la fin de février, et l'autre pendant le reste de l'année.

S'il n'y avait pas d'années bissextiles, les lettres dominicales reparaîtraient dans le même ordre tous les sept ans; mais comme il arrive une année bissextile tous les quatre ans, il faut une période de 28 ans pour que les lettres dominicales reviennent dans le même ordre.

Les lettres dominicales ont été imaginées pour avoir un calendrier perpétuel.

161. **Cycle solaire.**—Le *cycle solaire* est une période de 28 années après laquelle les dimanches se retrouvent aux mêmes dates.

On a fixé le point de départ du premier cycle solaire au commencement de la neuvième année avant l'ère chrétienne; or la date de chaque cycle se compte de 1 à 28. Donc, si l'on veut trouver cette date pour une année quelconque, il faut ajouter 9 au millésime de l'année et diviser par 28. Le quotient donne le nombre de cycles écoulés; le reste donne le rang de l'année dans le cycle.

On trouve ainsi que l'année 1886 est la 19e du 68e cycle.

On voit par le tableau ci-dessous que sa lettre dominicale est C.

ANNÉES DU CYCLE	LETTRES DOMINIC.	ANNÉES DU CYCLE	LETTRES DOMINIC.	ANNÉES DU CYCLE	LETTRES DOMINIC.	ANNÉES DU CYCLE	LETTRES DOMINIC.
1	ED	8	C	15	A	22	F
2	C	9	BA	16	G	23	E
3	B	10	G	17	FE	24	D
4	A	11	F	18	D	25	CB
5	GF	12	E	19	C	26	A
6	E	13	DC	20	B	27	G
7	D	14	B	21	AG	28	F

§ III

Cadrans solaires. — Diverses sortes de cadrans solaires. — Style. — Construction de lignes horaires. — Cadran équinoxial. — Cadran horizontal et cadran vertical méridional. — Construction du cadran horizontal. — Construction du cadran vertical méridional. — Cadran vertical déclinant.

162. **Cadrans solaires.** — Un *cadran solaire* est un appareil qui marque les heures d'après la marche du Soleil.

Les cadrans solaires marquent le temps vrai, et les horloges, le temps moyen.

Un cadran solaire se compose d'une tige ou *style* fixé sur un plan, parallèlement à l'axe du monde. L'heure est indiquée par l'ombre de la tige.

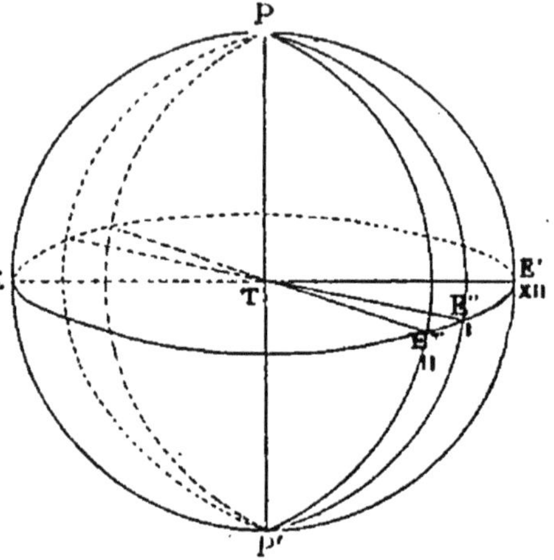

Fig. 60.

Soit PEP'E' (fig. 60) le méridien d'un lieu, EE'E'' le plan de l'équateur et PP' une tige rigide se confondant avec l'axe du monde.

En 24 heures, le Soleil parcourt un cercle parallèle à l'équateur, ce qui fait 15° par heure.

A partir de la méridienne EE', divisons l'équateur en 24 parties égales par les points E', E'', E'''...

Quand le Soleil passe au méridien, il est midi; l'ombre de la tige est TE'; à une heure, l'ombre sera TE''; à deux heures elle sera TE'''...

Il est à remarquer que l'ombre de la tige tombe sur la face supérieure du plan quand le Soleil est dans l'hémisphère boréal, et sur la face inférieure quand il est dans l'hémisphère austral.

163. **Diverses sortes de cadrans solaires.** — Les surfaces sur lesquelles on veut établir un cadran ne se confondent pas avec l'équateur; le plus souvent elles ne lui sont pas même parallèles; c'est pour cela qu'on distingue plusieurs sortes de cadrans solaires. Nous indiquerons la construction des suivants :

1° *Cadran équinoxial* ou *équatorial*. Il se trace sur un plan parallèle à l'équateur céleste.

2° *Cadran horizontal.* Son plan est horizontal.

3° *Cadran vertical méridional.* Son plan est perpendiculaire à la méridienne du lieu.

4° *Cadran vertical déclinant.* Son plan est vertical, mais placé d'une manière quelconque par rapport à la méridienne.

Pour construire un cadran il faut 1° placer le style parallèlement à l'axe du monde; 2° tracer les lignes horaires.

164. **Style.** — Pour être parallèle à l'axe du monde, le style doit se trouver dans le plan du méridien, et faire avec l'horizon un angle égal à la hauteur du pôle.

165. **Construction des lignes horaires.** — Par l'axe du monde, on mène des plans faisant avec le méridien des angles croissant de 15 en 15 degrés. L'intersection de ces plans avec la table du cadran donne les lignes horaires.

Dans nos contrées, le Soleil n'étant jamais visible avant 3 heures du matin ni après 9 heures du soir, on ne marque sur le cadran que les lignes horaires comprises entre ces deux limites extrêmes.

166. **Cadran équinoxial.** — Le tableau du cadran équinoxial

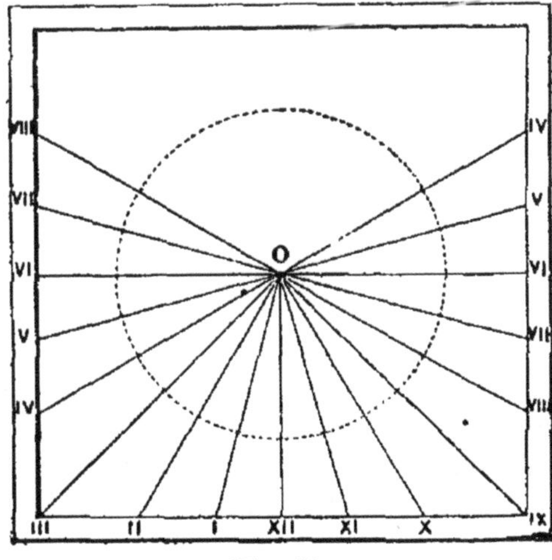

Fig. 61.

devrait se confondre avec le plan de l'équateur, et son style avec l'axe du monde; mais à cause de la grande distance du Soleil à la Terre, il suffit qu'il soit parallèle à l'équateur et le style perpendiculaire à ce plan.

Pour construire le cadran équinoxial, on décrit du point O (fig. 61), où le style sera fixé, une circonférence qui représente l'équateur céleste; on divise cette circonférence en 24 parties égales, que l'on note comme l'indique la figure, et l'on joint le centre aux points de division.

Au centre du cercle, on fixe le style perpendiculairement à *la table.* Il doit se prolonger de chaque côté du cadran. On détermine la méridienne AB du lieu où le cadran doit être placé, et l'on construit un triangle rectangle AOB, dont l'angle aigu A (fig. 62) soit égal à la latitude du lieu (n° 71). On fixe

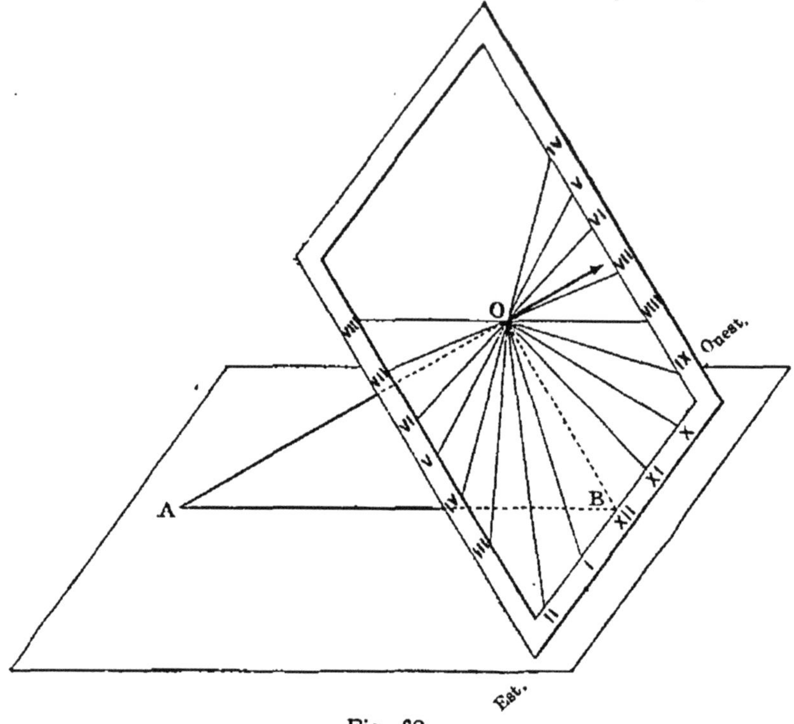

Fig. 62.

ensuite ce triangle de manière que son plan soit vertical et son hypoténuse dirigée suivant la méridienne; on cale le cadran sur le côté OB, de façon que le plan de la table soit perpendiculaire à celui du triangle AOB, et que OA soit le prolongement du style.

Pendant le printemps et l'été, le Soleil, se trouvant dans l'hémisphère boréal, éclaire la face supérieure du cadran; pendant l'automne et l'hiver il éclaire la face inférieure.

Les lignes horaires doivent être tracées sur les deux faces de la table.

Aux équinoxes, le Soleil est dans le plan du cadran et l'ombre du style est reçue par le rebord saillant qui entoure le tableau.

167. **Cadran horizontal et cadran vertical méridional.** — Sup-

posons un cadran équinoxial orienté en E (fig. 63); son intersection avec l'horizon est LT. Par cette ligne, menons les plans V et H, l'un vertical et l'autre horizontal, le premier sera le tableau du cadran vertical méridional, et le second sera celui du cadran horizontal. Le style du cadran équinoxial perce ces deux plans

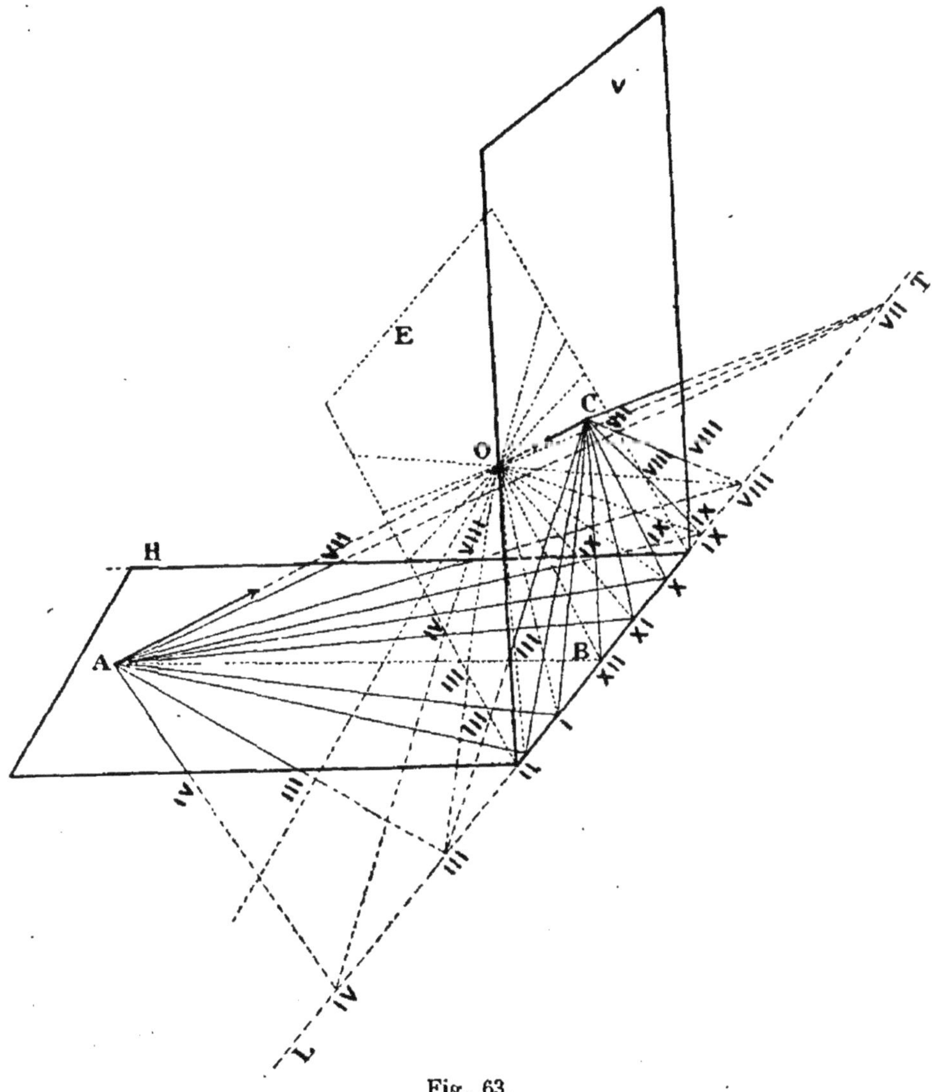

Fig. 63.

aux points C et A, d'où toutes les lignes horaires rayonnent, comme du point O dans le cadran équinoxial. Les trois styles C, O, A, étant sur le prolongement l'un de l'autre, leur ombre se rencontre en un même point de LT. Les points qui donnent les heures sont connus sur cette droite, par la construction préalable du cadran équinoxial, il ne reste plus qu'à joindre ces points aux points C ou A, et à noter les divisions comme l'indique la figure.

168. **Construction du cadran horizontal.** — Soit A (fig. 64) le

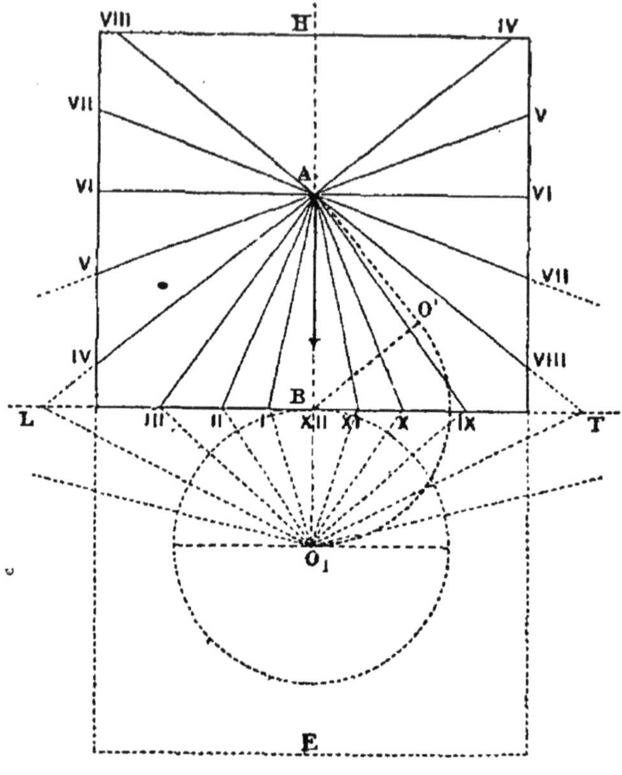

Fig. 64.

pied du style, AB la méridienne passant par ce point. En rabattant le style sur le plan horizontal autour de la méridienne, on obtient AO'; cette ligne fait avec AB un angle égal à la latitude.

Sur la droite AO' prenons à volonté le point O' centre du cadran équinoxial; O'B sera le troisième côté du triangle rectangle AOB de l'espace (fig. 63). En rabattant le cadran équinoxial autour de LT perpendiculaire à OB, son centre se rabattra en O_1 sur le prolongement de AB, à une distance $O_1B = O'B$.

Du point O_1 comme centre on décrit une circonférence qu'on partage en 24 parties égales. On obtient ainsi les lignes horaires du cadran équinoxial; leur rencontre avec LT détermine les lignes horaires XII, I, II... du cadran horizontal.

La ligne VI heures est parallèle à LT.

169. Construction du cadran vertical méridional. — Pour construire le cadran vertical méridional, on rabat le cadran équinoxial sur le plan vertical. Le style rabattu fait avec le méridien un angle égal au complément de la latitude.

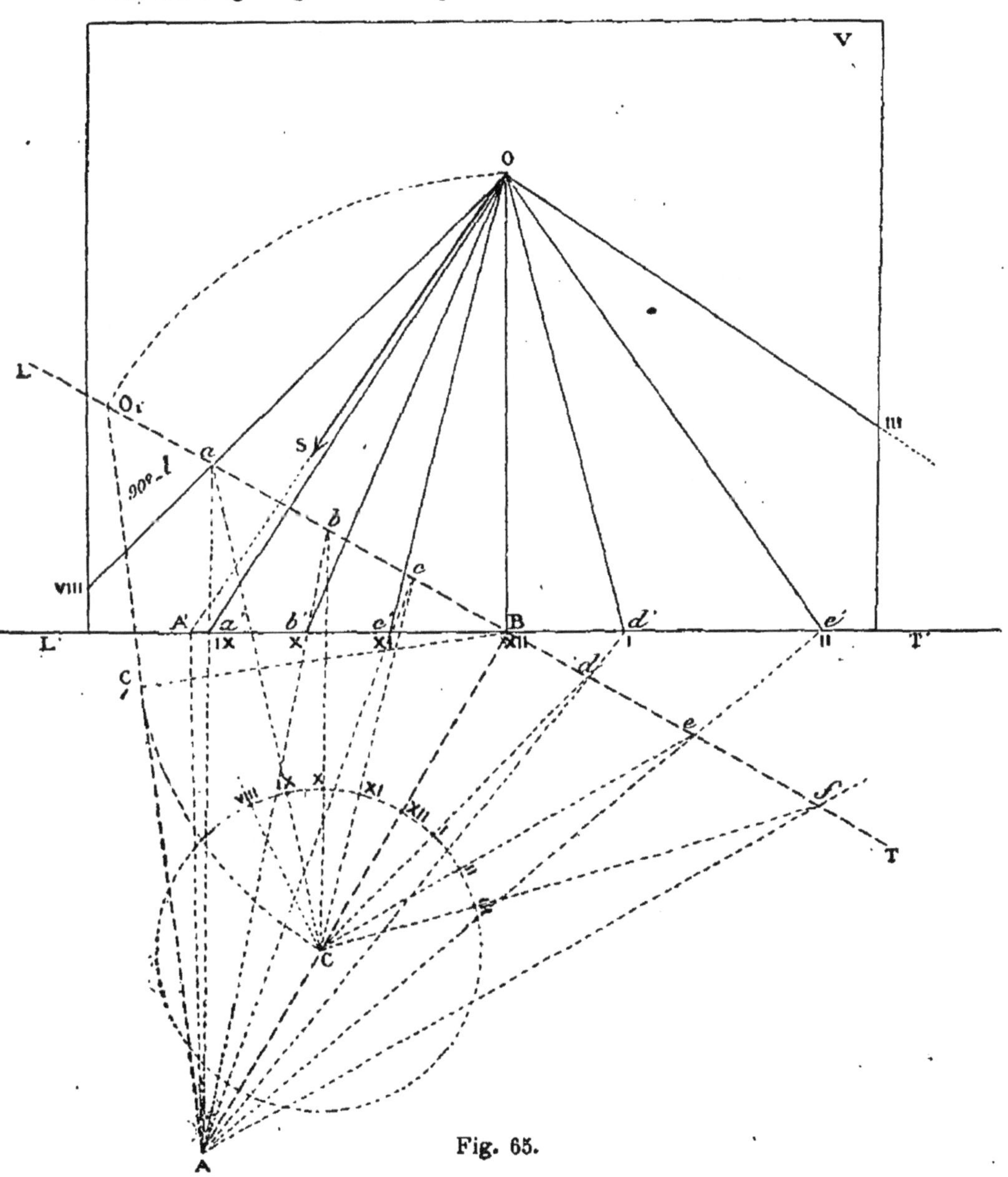

Fig. 65.

170. Cadran vertical déclinant. — Soit à construire un cadran déclinant sur la surface verticale V (fig. 65).

Du point O, pied du style, menons la verticale OB, et par le point B traçons la méridienne BA.

Pour déterminer la direction du style, rabattons le plan méridien OBA sur le plan horizontal. La droite BO, perpendiculaire à BA, se rabat en BO_1 Le style, faisant avec O_1B un angle égal au complément de la latitude, se rabat suivant O_1A. On a ainsi en A la trace horizontale du style.

Pour déterminer les lignes horaires, rabattons le plan équinoxial qui a pour style OS. Son centre se trouve sur O_1A en C_1, pied de la perpendiculaire BC_1. En le rabattant autour de LT il vient en C. On trace les lignes horaires du cadran équinoxial jusqu'à leur rencontre avec LT en *a*, *b*, *c*... En joignant les points de rencontre au point A, on obtient, sur L'T', les points *a'*, *b'*, *c'*..., qui déterminent les lignes horaires du cadran déclinant.

RÉSUMÉ

On distingue le *jour sidéral*, le *jour solaire vrai* et le *jour solaire moyen*.

Le *jour sidéral* est le temps compris entre deux passages supérieurs consécutifs d'une étoile au même méridien.

Le *jour solaire vrai* est le temps qui s'écoule entre deux passages supérieurs consécutifs du Soleil au même méridien.

Le jour sidéral est une mesure exacte du temps, mais il a l'inconvénient de commencer successivement à toutes les heures du jour solaire.

Le jour solaire vrai a une durée variable.

On prend le *jour solaire moyen* pour unité de temps.

Le *jour solaire moyen* est le temps compris entre deux passages consécutifs du *Soleil moyen* au méridien; il vaut 1 $^{\text{j. sid.}}$ 0$^{\text{h.}}$ 3$^{\text{m.}}$ 56$^{\text{s.}}$ 555.

Par *Soleil moyen*, on entend un Soleil fictif, partant en même temps que le Soleil vrai du point vernal et parcourant l'équateur avec une vitesse uniforme, dans le même temps que le Soleil vrai parcourt l'écliptique. Il est tantôt en avance, tantôt en retard sur le Soleil vrai, avec lequel il ne se rencontre que quatre fois par an.

L'*équation du temps* est le temps qu'il faut ajouter au midi vrai pour avoir le midi moyen ; elle est tantôt positive, tantôt négative.

L'*année sidérale* est le temps compris entre deux passages consécutifs du Soleil au méridien d'une même étoile.

L'*année tropique* est le temps qui sépare deux passages consécutifs du Soleil à l'équinoxe du printemps; elle comprend 365 j. s. m. 2422 ou 365 j. s. m. 5 h. 48 m.

L'*année civile* se compose d'un nombre exact de jours.

Les équinoxes et les solstices divisent l'année en quatre saisons : le *printemps*, l'*été*, l'*automne* et l'*hiver*.

Le *calendrier* est l'ensemble des conventions adoptées pour faire coïncider l'année civile avec l'année tropique, et en fixer les subdivisions.

Pour corriger ce que le calendrier des Romains avait de défectueux, Jules César fixa la durée de l'année à 365 jours, et il ordonna que, tous les quatre ans, il y aurait une année de 366 jours. Cette année s'appelle *bissextile.*

Cette réforme, connue sous le nom de *réforme Julienne,* fut adoptée par l'Église en 325.

L'année Julienne était plus longue de quelques minutes que l'année astronomique. Après un certain temps, l'erreur devint considérable. En 1582, l'équinoxe du printemps arrivait le 11 mars, au lieu du 21. Grégoire XIII retrancha 10 jours à cette année et décida que les années séculaires ne seraient bissextiles que lorsque le nombre de siècles serait divisible par 4. Ce fut la *réforme Grégorienne.*

Le *mois* est une division de l'année ayant 30 ou 31 jours. Le mois de février n'a que 28 jours, les années ordinaires, et 29, les années bissextiles.

La *semaine* est une période de sept jours.

On appelle *lettres dominicales,* des lettres qui servent à indiquer les dimanches.

Le *cycle solaire* est une période de 28 ans, après laquelle les dimanches reviennent aux mêmes dates.

Un *cadran solaire* est un appareil qui marque les heures d'après la marche du Soleil.

Le *cadran équinoxial* ou *équatorial* se trace sur un plan parallèle à l'équateur.

Le *cadran horizontal* se trace sur un plan horizontal.

Le *cadran vertical méridional* a son plan perpendiculaire à la méridienne du lieu.

Le *cadran vertical déclinant* a son plan vertical, mais situé d'une manière quelconque par rapport à la méridienne.

Les cadrans solaires marquent le temps vrai, et les horloges, le temps moyen.

CHAPITRE III

INÉGALITÉ DES JOURS ET DES NUITS

Le jour et la nuit. — Inégalité des jours et des nuits. — Tableau du jour le plus long à diverses latitudes. — Crépuscule. — Durée du crépuscule. — Effets de la réfraction atmosphérique. — Division de la Terre en zones.

171. Le mouvement diurne du Soleil, combiné avec son mouvement annuel, semble faire décrire à cet astre une courbe continue, ressemblant à une hélice. Cette hélice est comprise entre les deux tropiques, c'est-à-dire dans une zone de deux fois 23° 27′. On peut, sans grave erreur, considérer chaque spire comme se confondant avec un parallèle.

A l'équinoxe du printemps, le Soleil décrit l'équateur; et, à chaque solstice, il décrit l'un des tropiques.

172. **Le jour et la nuit.** — On appelle *jour* le temps pendant lequel le Soleil est au-dessus de l'horizon, et *nuit*, le temps pendant lequel il est au-dessous.

L'*arc de jour* est la partie du parallèle que le Soleil semble décrire au-dessus de l'horizon; l'*arc de nuit* est la partie qui se trouve au-dessous.

La succession du jour et de la nuit est sujette à des inégalités qui varient avec les saisons et avec les lieux. Ces inégalités proviennent de l'inclinaison de l'écliptique sur le plan de l'équateur.

173. **Inégalité des jours et des nuits.** — Nous allons examiner les cas suivants : 1° le lieu est sur l'équateur; 2° la latitude est moindre que 66°33′, 3° la latitude est 66°33′; 4° la latitude est supérieure à 66°33′.

Dans les figures suivantes PP′ représente la ligne des pôles; EE′ la trace de l'équateur sur le méridien de la figure, CC′ celle de l'écliptique, CS et C′S′, la trace des tropiques.

1° *Le lieu est sur l'équateur.* — Soit E ce lieu (fig. 66); son horizon PP' coupe en deux parties égales tous les parallèles décrits par le Soleil. Donc, pendant toute l'année, le jour est égal à la nuit. Il en est ainsi pour tous les points de l'équateur.

2° *La latitude est moindre que* 66° 33'. — Soit L (fig. 67) ce

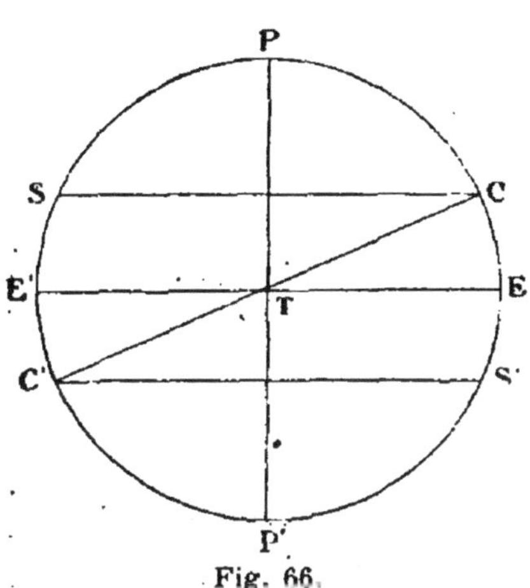

Fig. 66.

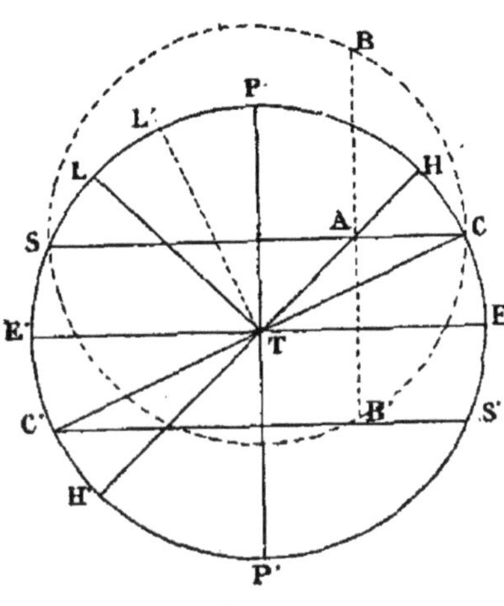

Fig. 67.

lieu; HH' son horizon. Aux équinoxes, lorsque le Soleil décrit l'équateur, l'arc de jour, projeté en TE', est égal à l'arc de nuit, projeté en TE. Le jour est égal à la nuit.

A partir de l'équinoxe du printemps, les jours augmentent jusqu'au solstice d'été, époque où le Soleil décrit au-dessus de l'horizon l'arc de jour qui est projeté en AS et rabattu en BSB'. Cet arc est plus grand que l'arc de nuit, projeté en AC et rabattu en BCB'.

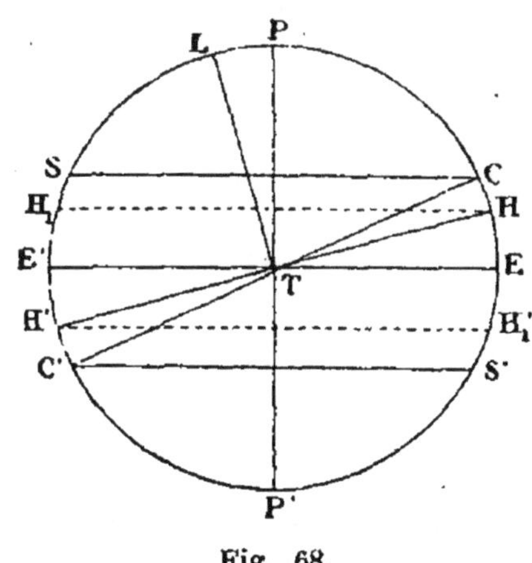

Fig. 68.

Donc, pour un lieu dont la latitude est inférieure à 66° 33', les jours sont plus grands que les nuits depuis l'équinoxe du printemps jusqu'à l'équinoxe d'automne, et plus petits pendant le reste de l'année.

3° *La latitude est* 66° 33'. — Soit L' (fig. 67) un lieu dont la latitude est 66°33'; son horizon se confond avec l'écliptique CC'. Au solstice d'été, le Soleil, décrivant le parallèle CS, ne s'élève pas au-dessous de l'horizon; il y a alors un jour de 24 heures. Le Soleil descend ensuite; le jour diminue et la nuit augmente.

Quand le Soleil décrit l'équateur, le jour est égal à la nuit. La nuit continue à croître et devient égale à 24 heures lorsque le Soleil décrit le tropique du Capricorne.

Pendant l'autre moitié de l'année, la durée du jour et de la nuit repasse par les mêmes valeurs.

4° *La latitude est supérieure à* 66°33'. — Soit L (fig. 68) ce lieu; son horizon HH' ne rencontre pas tous les parallèles décrits par le Soleil. A l'équinoxe du printemps, le jour est égal à la nuit; il augmente jusqu'à ce que le Soleil, ayant décrit le parallèle HH_1, reste au-dessus de l'horizon; alors commence un jour qui ne finira que lorsque le Soleil sera revenu en HH_1, après avoir passé au solstice d'été. A partir de ce moment, les nuits, d'abord très courtes, augmentent rapidement. Lorsque le Soleil a décrit le parallèle HH'_1 la nuit commence et dure autant que le long jour dont il vient d'être question.

Aux pôles, l'horizon se confondant avec l'équateur, il n'y a dans l'année qu'un jour et une nuit, de chacun six mois. Le Soleil décrit chaque jour un cercle parallèle à l'horizon.

TABLEAU DU JOUR LE PLUS LONG, A DIVERSES LATITUDES

LATITUDE	DURÉE	LATITUDE	DURÉE
0°	12^h 0^m	50°	16^h 9^m
5°	12 17	55°	17 7
10°	12 35	60°	18 30
15°	12 53	65°	21 9
20°	13 13	66°33'	24 0
25°	13 34	70°	65 jours
30°	13 56	75°	103
35°	14 22	80°	134
40°	14 51	85°	161
45°	15 26	90°	186

174. **Remarque**. — Depuis le milieu de janvier, jusqu'au milieu de février, l'augmentation du jour est très sensible le soir et peu appréciable le matin; cela s'explique par la différence entre le temps moyen et le temps vrai. A cette époque, en effet, l'équation du temps est de 10 à 14 minutes ½; le temps moyen, marqué par une horloge, est donc en avance sur le temps vrai donné par le Soleil. Le Soleil pa-

raît en retard pour se lever. Pour la même raison, le soir, il semble être en retard pour se coucher.

175. **Crépuscule.** — Le *crépuscule* est la lumière diffuse qui précède le lever du Soleil, et celle qui suit son coucher.

Le crépuscule du matin s'appelle aussi *aurore,* et celui du soir, *brune.*

Le crépuscule est dû à la réflexion des rayons lumineux par l'atmosphère.

Soit HBH′ (fig. 69) la limite de l'atmosphère, HH′ l'horizon

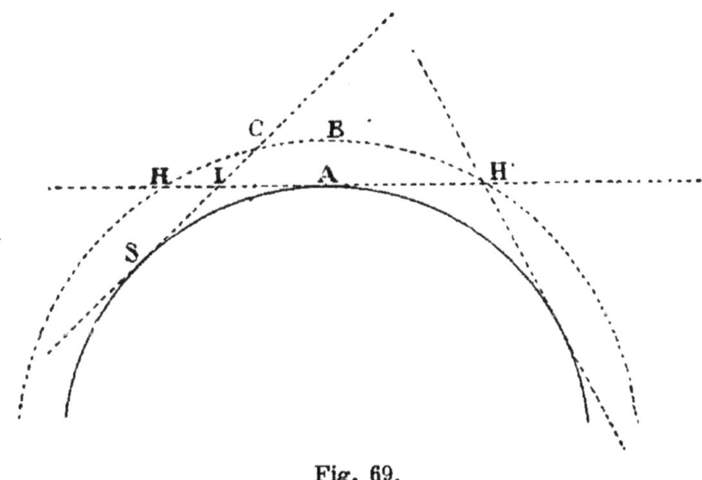

Fig. 69.

d'un lieu A, et SC la direction des rayons lumineux du Soleil, peu de temps avant son lever. Ces rayons lumineux, éclairant la portion HIC de l'atmosphère, sont en partie réfléchis vers A. Ce lieu se trouve ainsi faiblement éclairé. Cette clarté augmente à mesure que le Soleil s'approche de l'horizon.

Le phénomène inverse se produit le soir après le coucher du Soleil.

On admet que l'aurore commence et que la brune finit lorsque le Soleil est à dix-huit degrés au-dessous de l'horizon.

176. **Durée du crépuscule.** — Soient PEP′E′ (fig. 70) le méridien d'un lieu L, HH′ l'intersection de ce méridien avec l'horizon, et *hh′* le plan d'un cercle situé à 18° au-dessous de l'horizon.

A l'époque où le Soleil décrit l'équateur EE′, l'aurore apparaît dès que cet astre arrive au point de l'horizon projeté en A, et elle finit lorsque le Soleil se lève, au point de l'horizon projeté en T.

De même, le soir, le crépuscule commence lorsque le Soleil se couche au point correspondant à T, et il finit quand l'astre arrive au point correspondant à A.

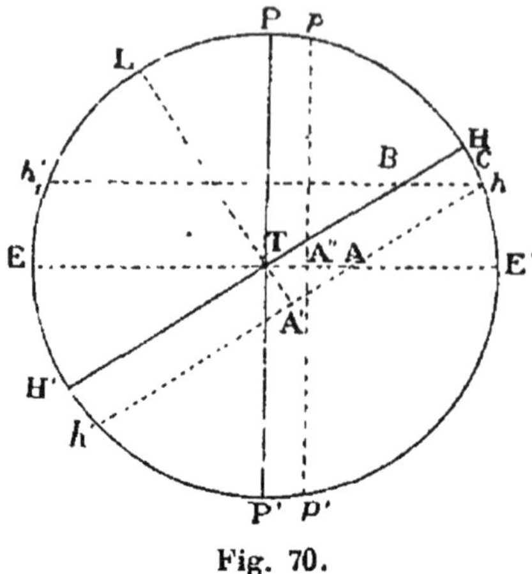

Fig. 70.

Lorsque le Soleil décrit le parallèle hh'_1 il n'y a pas de nuit complète pour le lieu dont l'horizon est HH'; cela dure jusqu'à ce que le Soleil soit revenu en hh'_1 après avoir passé au solstice d'été. C'est ce qui a lieu pour tous les points qui ont une latitude supérieure à 48° 33'.

Il est à remarquer qu'au solstice d'été, un lieu n'a pas de nuit close lorsque, en ajoutant sa latitude à la déclinaison du Soleil, on obtient un total $\geqq$ 72°.

En effet, nous avons (fig. 70), $Hh = PE' - (PH + hE')$, c'est-à-dire, en désignant par l la latitude du lieu, et par D la déclinaison du Soleil :

$$18° = 90° - (l + D)$$

d'où $$l + D = 90° - 18° = 72°$$

La latitude de Paris étant de 48° 50' 11", il n'y a pas de nuit complète du 12 au 30 juin, époque où la déclinaison boréale du Soleil est supérieure à 72° — 48° 50' 11" ou à 23° 9' 49".

La latitude de Marseille est 43° 18"; en y ajoutant 23° 27', déclinaison du Soleil au solstice d'été, on obtient 66° 45' < 72° ; il y a donc pour cette ville nuit complète, même au solstice d'été.

Pour un même jour, le crépuscule augmente avec la latitude; c'est sur l'équateur que cette durée est minimum.

La durée du crépuscule est d'autant plus grande que le Soleil descend plus obliquement. C'est pour cela qu'elle est la plus longue à l'époque des solstices, et qu'elle va en diminuant jusqu'aux équinoxes.

177. **Effets de la réfraction atmosphérique.** — La réfraction atmosphérique fait paraître les astres un peu au-dessus de la

position qu'ils occupent dans l'espace. Ainsi, nous voyons le Soleil avant son lever et après son coucher, lorsqu'il est à 33′ environ au-dessous de l'horizon (nº 21). Comme le diamètre apparent du Soleil n'a pas 33′, la réfraction nous fait voir le disque tout entier de cet astre au-dessus de l'horizon, alors qu'il est encore tout entier au-dessous.

La réfraction atmosphérique augmente la durée du jour d'environ 5 minutes vers l'équateur, de 6 à 9 minutes en France, de 11 à 23 minutes aux cercles polaires.

178. **Division de la Terre en zones.** — La terre a été divisée en cinq zones ou bandes inégales.

La *zone torride* est comprise entre les deux tropiques; elle est partagée par l'équateur en deux parties égales. Elle a 46° 55′ de largeur.

Cette zone comprend les quatre dixièmes de la surface de la Terre, c'est-à-dire près de la moitié.

Les *zones tempérées* sont comprises entre les tropiques et les cercles polaires. Chacune d'elles a 43° 6′ de largeur, et sa surface est à peu près le quart de celle du globe terrestre.

Les *zones glaciales* comprennent les calottes qui ont pour base les cercles polaires. Chacune d'elles est environ les quatre centièmes de la surface terrestre.

179. **Remarque.** — Les habitants de la zone torride voient le Soleil à leur zénith à deux époques différentes de l'année. A midi, leur ombre se projette tantôt au nord, tantôt au sud. A la latitude 23°27′, on ne voit le Soleil au zénith qu'au solstice d'été dans l'hémisphère boréal, et au solstice d'hiver dans l'hémisphère austral.

RÉSUMÉ

On appelle *jour*, le temps pendant lequel le Soleil est au-dessus de l'horizon.

Aux équinoxes, le jour est égal à la nuit par toute la Terre.

A l'équateur, le jour est constamment égal à la nuit.

De la latitude 0° à la latitude 66° 33′, le jour a une durée variable, toujours plus petite que 24 heures.

De la latitude 66° 33′ à 90°, il y a un jour et une nuit de plus de 24 heures; aux pôles les jours et les nuits sont de six mois.

Le *crépuscule* est la lumière diffuse qui précède le lever du Soleil et celle qui suit son coucher. Le matin, on lui donne le nom d'*aurore*, et, le soir, celui de *brune*.

Le crépuscule est dû à la réflexion de la lumière du Soleil par l'atmosphère; il dure tant que le Soleil est à moins de 18° au-dessous de l'horizon.

La réfraction atmosphérique fait paraître les astres un peu au-dessus de la position qu'ils occupent dans l'espace; elle augmente donc la durée du jour.

On divise la Terre en cinq *zones:* la *zone torride,* comprise entre les deux tropiques; les deux *zones tempérées,* situées entre les tropiques et les cercles polaires; les deux *zones glaciales,* qui s'étendent des cercles polaires aux pôles.

CHAPITRE IV

DISTRIBUTION DE LA CHALEUR A LA SURFACE DU GLOBE

Principales causes qui font varier la chaleur à la surface de la Terre. Variations quotidiennes de la température. — Variations annuelles de la température. — Distribution de la chaleur solaire à la surface de la Terre. — Distribution de la chaleur dans les deux hémisphères.

180. **Principales causes qui font varier la chaleur à la surface de la Terre.** — La Terre, présentant toujours un hémisphère entier au Soleil, reçoit de cet astre une quantité de chaleur à peu près constante. Par le rayonnement, elle en perd sensiblement autant qu'elle en reçoit; c'est pour cela que sa température moyenne est à peu près constante; mais la chaleur est très inégalement distribuée à la surface de la Terre.

Les causes de cette inégalité sont :

1° *La distance au Soleil.* — On démontre en physique que la chaleur reçue par une surface varie en raison inverse du carré de la distance au foyer.

D'après cette loi la Terre reçoit environ $\frac{1}{10}$ de plus de chaleur au périgée qu'à l'apogée; mais cette augmentation est peu de chose si on la compare aux variations produites par la hauteur du Soleil.

2° *La hauteur du Soleil.* — On démontre également en physique que la chaleur reçue par une surface est en raison directe du cosinus de l'angle d'incidence.

Lorsque le Soleil est très près de l'horizon, l'angle d'incidence est très grand; son cosinus est très petit. L'angle diminue et le cosinus augmente, à mesure que le Soleil s'élève.

3° *Influence de l'atmosphère.* — L'atmosphère absorbe une portion de la chaleur solaire. La quantité absorbée est d'autant plus grande que la couche traversée a une plus grande épaisseur et qu'elle est plus chargée de vapeur d'eau.

La couche traversée est d'autant plus faible que le Soleil est plus élevé au-dessus de l'horizon.

On a constaté que lorsque le Soleil est élevé de 21°, l'atmosphère absorbe environ la moitié de la chaleur qu'il nous envoie; à 40° elle n'en absorbe que le tiers.

4° *La longueur du jour.* — Plus le Soleil reste au-dessus de l'horizon plus la chaleur reçue est grande.

181. **Variations quotidiennes de la température.** — La température s'accroît tant que le Soleil est assez élevé au-dessus de l'horizon pour que la chaleur reçue soit plus considérable que la chaleur émise. Après midi, la chaleur reçue diminue; mais comme elle se trouve encore pendant quelque temps plus grande que celle qui est perdue par le rayonnement, la température continue à s'élever. Ce n'est qu'à partir de deux heures que la Terre perd plus de chaleur qu'elle n'en reçoit, et que la température commence à diminuer. La température continue de s'abaisser jusqu'au lendemain, un peu après le lever du Soleil. Le maximum de température a donc lieu chaque jour vers deux heures, et le minimum, au lever du Soleil.

182. **Variations annuelles de température.** — Dans la zone tempérée, la chaleur que nous envoie le Soleil ne cesse d'augmenter depuis le solstice d'hiver jusqu'au solstice d'été; elle diminue du solstice d'été au solstice d'hiver.

Les mêmes causes qui font que le maximum de température a lieu chaque jour vers deux heures et non vers midi, expliquent aussi comment la plus haute température de l'année arrive en juillet, environ un mois après le solstice d'été.

183. **Distribution de la chaleur à la surface de la Terre.** — Dans la zone torride, les jours sont à peu près d'égale longueur pendant toute l'année, et le Soleil s'écarte très peu du zénith; aussi la température y est-elle toujours très élevée et ses variations très faibles.

Dans les zones tempérées, les rayons du Soleil étant plus inclinés sur l'horizon que dans la zone torride, la chaleur y est moins intense; la différence entre la durée des jours et celle des nuits étant plus grande, la température y est plus variable.

Par suite des mêmes causes, la température est plus basse dans les zones glaciales, et ses variations sont plus considérables.

184. **Distribution de la chaleur dans les deux hémisphères.** — Le printemps et l'été réunis étant plus longs de quelques jours

que les autres saisons, (n° 148), le Soleil reste un peu plus de temps dans l'hémisphère boréal que dans l'hémisphère austral; par suite l'hémisphère boréal reçoit plus de chaleur que l'hémisphère austral.

C'est l'une des causes qui font qu'à latitudes égales la température moyenne n'est pas la même dans les deux hémisphères. Les mers glacées commencent au 81e degré de latitude septentrionale, tandis qu'on les trouve dès le 71e degré de latitude méridionale.

RÉSUMÉ

La chaleur reçue du Soleil par un lieu quelconque de la Terre varie :

1° Avec la distance du Soleil;
2° — la hauteur du Soleil;
3° — l'épaisseur de la couche d'air traversée;
4° — la longueur du jour.

C'est vers midi qu'un lieu reçoit le plus de chaleur; cependant ce n'est que vers deux heures que la température atteint son maximum, parce que, jusqu'à ce moment, la chaleur perdue par le rayonnement est plus faible que la chaleur reçue.

Pour la même raison, la température annuelle atteint son maximum, non pas au solstice d'été, le 21 juin, mais environ un mois après.

La chaleur est plus intense dans la zone torride que dans les zones tempérées, et dans celles-ci plus que dans les zones glaciales.

A latitudes égales, l'hémisphère boréal est plus chaud que l'hémisphère austral.

CHAPITRE V

ÉLÉMENTS ET CONSTITUTION DU SOLEIL. — PRÉCESSION DES ÉQUINOXES

§ I

Parallaxe d'un astre. — Distance du Soleil à la Terre. — Rayon, volume, masse et densité moyenne du Soleil. — Taches du Soleil. — Protubérances du Soleil. — Dimensions des taches et des protubérances du Soleil. — Distribution des taches sur le disque solaire. — Périodicité des taches et des protubérances. — Rotation du Soleil. — Constitution physique du Soleil. — Explication des taches. — Lumière zodiacale.

185. **Parallaxe d'un astre.** — La *parallaxe*[1] *d'un astre* est l'angle sous lequel le rayon de la Terre serait vu du centre de cet astre.

Soit O (fig. 71) la Terre, et S le Soleil; l'angle ASO est la parallaxe du Soleil.

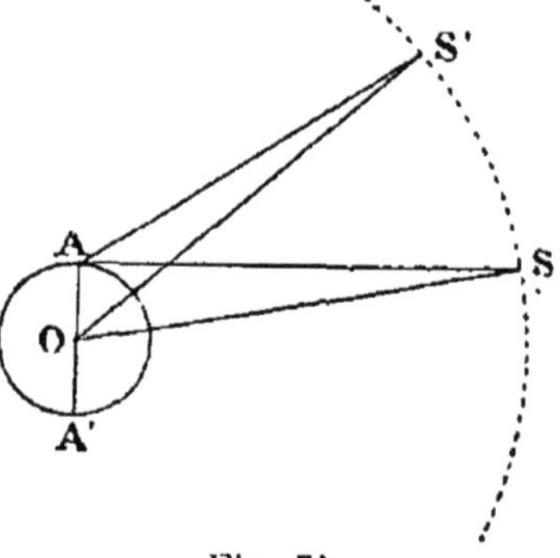

Fig. 71.

186. On distingue la *parallaxe horizontale* et la *parallaxe de hauteur*.

187. La *parallaxe* est dite *horizontale* lorsque la droite qui joint l'astre à l'extrémité du rayon de la Terre est tangente à notre globe.

188. La *parallaxe* est dite *de hauteur* lorsque la droite qui joint l'extrémité du rayon à l'astre n'est pas tangente à la surface terrestre.

189. Dans la figure 71, l'angle ASO est la parallaxe horizontale de l'astre S; l'angle AS'O est une parallaxe de hauteur.

Nous établirons plus tard (nº 251) la relation qui existe entre la parallaxe horizontale et la parallaxe de hauteur.

La valeur généralement admise pour la parallaxe horizontale du Soleil est de 8″,86.

190. **Distance du Soleil à la Terre.** — La distance d du Soleil à la Terre se déduit de la parallaxe horizontale.

---

1 D'un mot grec qui veut dire *différence*.

L'angle ASO étant très petit, on peut, sans grande erreur, considérer le triangle ASO comme isocèle, et admettre que SA=SO; AO ou r se confond aussi, à peu de chose près, avec l'arc de 8″,86 qui aurait OS ou d pour rayon, et son centre en S; on a donc:

$$r = \frac{\pi d \times 8'',86}{180} \text{ [1]}$$

d'où $$d = \frac{180\, r}{\pi \times 8'',86} = 23280\, r.$$

En prenant 6 378 253 mètres pour la valeur du rayon équatorial de la Terre, on trouve que la distance moyenne du Soleil à la Terre est un peu plus grande que 148 000 000 de kilomètres.

191. **Rayon du Soleil.** — Le diamètre apparent moyen du

Fig. 72.

Soleil est de 32′ 4″; donc, dans la circonférence ayant pour rayon la distance d du Soleil à la Terre, le rayon du Soleil se confond avec un arc de $\frac{32'4''}{2}$ ou de 962″.

Les rayons R et r, vus à la même distance peuvent être regar-

[1] Géométrie par F. I. C., nº 244.

dés comme proportionnels aux angles sous lesquels on les voit; on a donc :

$$\frac{R}{r} = \frac{962''}{8'',86};$$

d'où

$$R = \frac{962}{8,86} r = 108,5r.$$

192. **Volume du Soleil.** — En désignant par V et v les volumes du Soleil et de la Terre, on a la proportion :

$$\frac{V}{v} = \frac{R^3}{r^3} = \frac{108,5^3}{1};$$

d'où $V = 1\,277\,289\,v$, ou en nombre rond $1\,300\,000\,v$.

La figure 72 donne une idée des grandeurs relatives du Soleil et de la Terre.

193. **Masse et densité moyenne du Soleil.** — On a calculé que la masse du Soleil est égale à 324000 fois environ celle de la Terre et que sa densité est les 0,253 de celle de la Terre; or, d'après Cavendish, la densité de la Terre étant 5,48, celle du Soleil est $5,48 \times 0,253$ ou 1,386 environ. La densité du Soleil n'est donc guère supérieure à celle de l'eau.

A la surface du Soleil, la pesanteur est environ 27 fois plus forte qu'à la surface de la Terre.

194. **Taches du Soleil.** — En regardant le Soleil avec une lu-

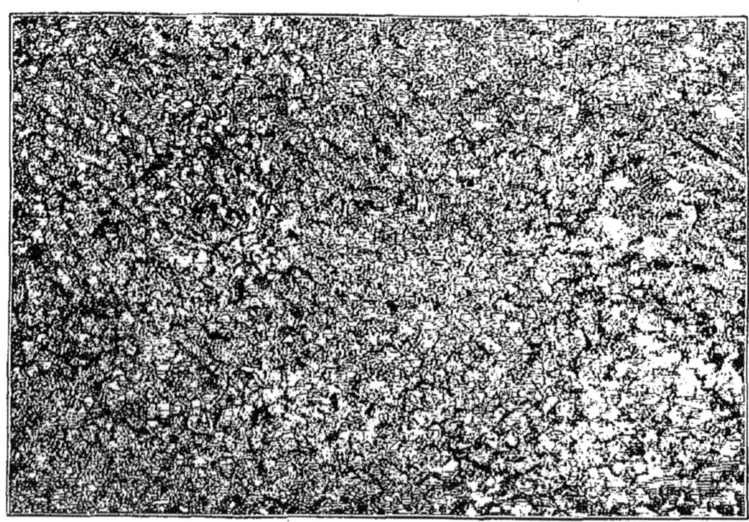

Fig. 73.

nette munie d'un verre fortement coloré, on l'aperçoit sous forme d'un disque brillant sur lequel on remarque une infinité de granulations lumineuses appelées *lucules* et de petits interstices noirs appelés *pores* (fig. 73).

Sur la surface du Soleil, apparaissent souvent des taches plus ou moins sombres. Ces taches sont variables tant pour la forme que pour l'étendue. C'est en 1611 que Fabricius, astronome allemand, les observa pour la première fois.

La plupart des taches sont formées d'un noyau obscur qu'on

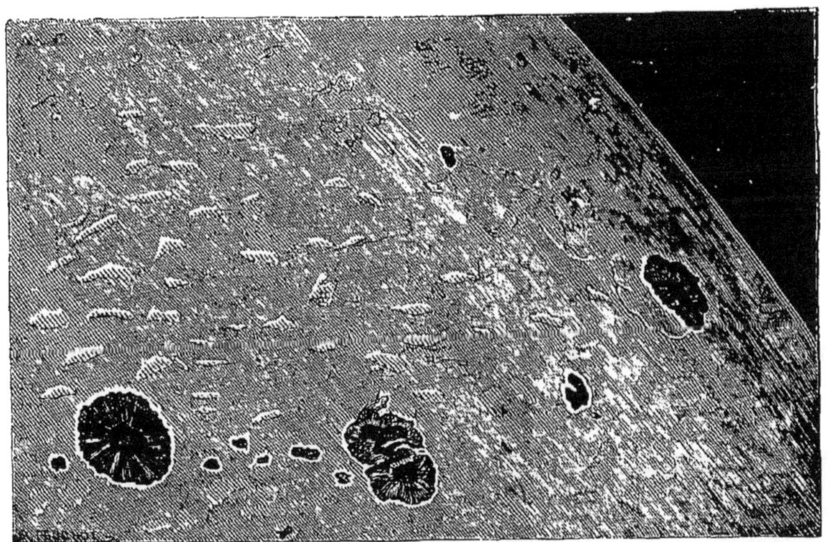

Fig. 74.

appelle *ombre* (fig. 74); ce noyau est entouré d'une partie moins obscure, désignée sous le nom de *pénombre*, et accompagné fréquemment de bourrelets très brillants appelés *facules*. Quelques taches n'ont que le noyau; d'autres, la pénombre seulement.

Généralement, on voit les taches apparaître au bord oriental du disque solaire, et disparaître environ 14 jours après, au bord occidental. Lorsqu'une tache est vers les bords du disque, sa forme paraît plus allongée et sa vitesse angulaire plus lente que lorsqu'elle est vers le milieu (fig. 75).

Les taches durent peu, rarement plus de 5 à 6 semaines. On en cite exceptionnellement une qu'on a vue pendant 70 jours.

Il arrive quelquefois qu'une tache se segmente de manière à en former plusieurs autres.

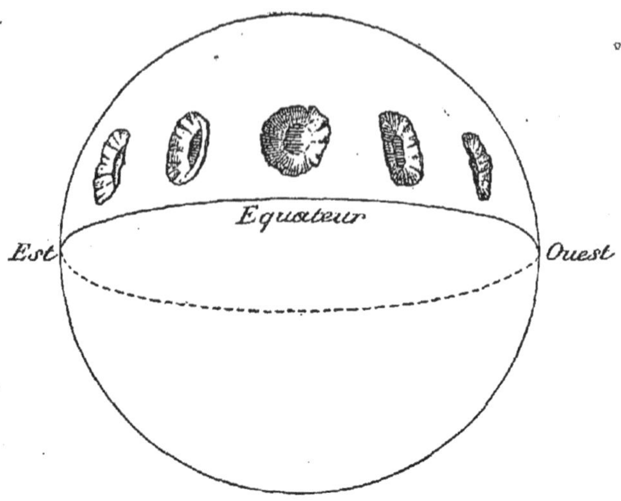

Fig. 75.

195. **Protubérances du Soleil.** — On remarque encore sur la surface du Soleil des *protubérances*. Ce sont d'immenses jets

Fig. 76.

Fig. 77.

de flammes, de couleur rosée, qui s'élancent en dehors du disque et dans toutes les directions (fig. 76 et 77).

Les protubérances, comme les taches, sont variées dans leurs formes et dans leurs dimensions.

196. **Dimensions des taches et des protubérances du Soleil.** — On a observé des taches dont la longueur était à peu près égale à cinq fois le diamètre de la Terre, ce qui donne environ 64000 kilomètres.

Les protubérances s'élèvent au-dessus de la surface du Soleil jusqu'à 50000 kilomètres, et même au delà.

197. **Distribution des taches sur le disque solaire.** — Les taches ne se montrent pas indifféremment sur toutes les parties du disque solaire; on n'en voit jamais aux pôles et rarement au delà du 45e degré de latitude, quoiqu'on y observe quelquefois des facules. Près de l'équateur, elles sont peu fréquentes et elles disparaissent rapidement; les plus nombreuses et les plus durables sont dans les deux zones comprises entre le 10e et le 30e degré, tant au nord qu'au sud.

198. **Périodicité des taches et des protubérances.** — Le nombre des taches est loin d'être le même chaque année; on a constaté qu'il est périodique, et qu'il s'écoule environ 11 années entre deux maxima. Le minimum arrive environ 7 années après un maximum. Ainsi, après avoir pu observer 1407 taches en 1860, 1185 en 1861, etc., on n'en a remarqué que 116 en 1867. Le nombre a augmenté ensuite jusque vers la fin de 1870, année où l'on en a compté 1503.

La même périodicité d'activité et de calme s'applique exactement aux protubérances.

On a remarqué que les maxima et les minima des variations de l'aiguille aimantée ont lieu aux mêmes époques.

199. **Rotation du Soleil.** — Les taches du Soleil ont un mouvement d'ensemble qui leur fait décrire des parallèles, de l'est à l'ouest. On en conclut que le Soleil tourne dans le même sens autour d'un axe incliné de 83° sur le plan de l'écliptique.

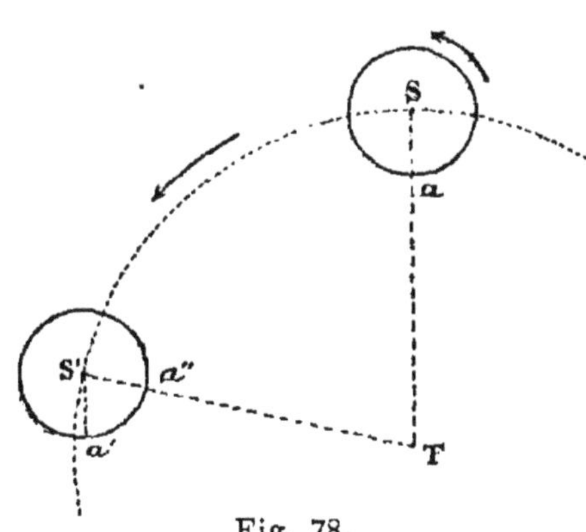

Fig. 78.

Il s'écoule environ 27 jours entre deux apparitions consécutives d'une même tache. Ce serait le temps de la rotation du Soleil sur lui-même, si le Soleil n'avait pas un mouvement sur l'écliptique.

Supposons une tache centrale a (fig. 78), le Soleil étant en S. Au bout de 27 jours, la tache est redevenue centrale en a'', le Soleil étant alors en S'; mais lorsque le Soleil a fait un tour sur lui-même, la tache est en a', le rayon S'a' étant parallèle à Sa.

En 27 jours la tache a donc fait un tour entier plus l'arc $a'a''$ égal à SS' ou à environ 27°,3.

L'arc parcouru par la tache est de 360° + 27°,3 ou 387°,3.

Si le Soleil a parcouru un arc de 387°,3 en 27 jours, un tour entier s'effectue en $\frac{27 \times 360}{387,3}$ ou en 25 jours $\frac{1}{10}$ environ.

200. **Constitution physique du Soleil.** — Pour expliquer les phénomènes que présente la surface du Soleil, W. Herschell[1] et la plupart des astronomes avaient admis que le Soleil était formé d'un noyau solide et obscur, entouré de deux atmosphères superposées, la première ressemblant à une couche nuageuse, opaque, et la seconde, appelée *photosphère*[2], émettant la lumière et la chaleur.

L'analyse spectrale ayant démontré que l'éblouissante lumière de la photosphère est due aux particules incandescentes de divers métaux volatilisés par l'excessive chaleur centrale, on a dû renoncer à l'hypothèse du noyau solide.

De plus, le même procédé a fait découvrir dans la masse du Soleil des courants qui ne permettent pas d'admettre l'existence d'atmosphères proprement dites.

Aujourd'hui, les astronomes considèrent le Soleil comme une masse continue de gaz et de vapeurs, possédant une chaleur énorme, capable de volatiliser les métaux les plus réfractaires.

Les couches extérieures se refroidissant par rayonnement, les vapeurs métalliques se condensent en gouttelettes incandescentes qui constituent la photosphère; ces gouttelettes retombent ensuite, comme une sorte de pluie, dans les couches inférieures, où elles se transforment de nouveau en vapeurs, établissant ainsi des courants incessants dans la masse du Soleil.

La photosphère nous apparaît comme une surface brillante au-dessus de laquelle se trouve une couche gazeuse de couleur rosée, relativement mince et complètement diaphane, à laquelle on a donné le nom de *chromosphère*[3]. Il s'en échappe des jets immenses d'hydrogène incandescent, mélangés souvent, surtout

---

[1] William Herschell, astronome, né à Hanovre en 1738, mort en 1822. On lui doit de grands perfectionnements dans les moyens d'observation, la découverte d'Uranus et de ses satellites, celle de l'anneau et de quelques satellites de Saturne.

[2] De deux mots grecs signifiant *lumière, sphère.*

[3] De deux mots grecs signifiant *couleur, sphère.*

à leur base, de vapeurs métalliques qui ont traversé la photosphère. Ces jets, qui atteignent des hauteurs de 50000 kilomètres, forment les protubérances.

Autour du Soleil, il y a encore une sorte d'atmosphère peu brillante nommée *couronne* (fig. 79). Elle n'est visible que

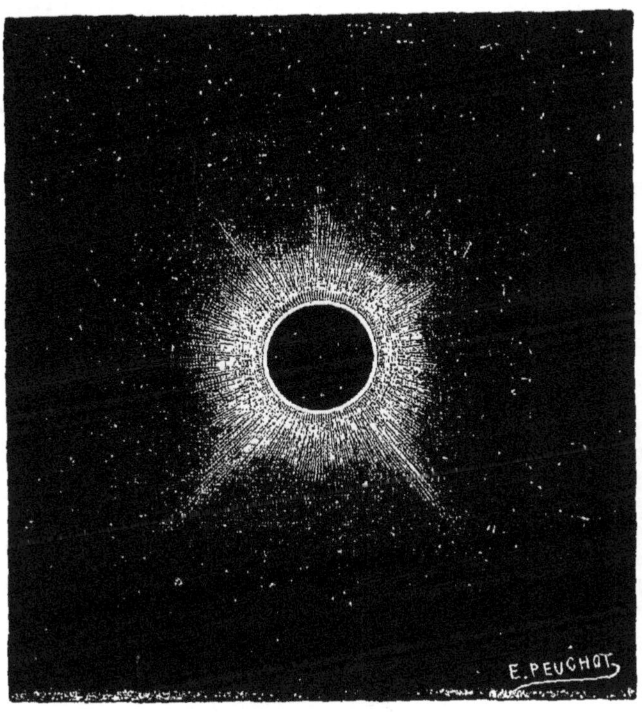

Fig. 79.

pendant les éclipses de Soleil. Elle a plus de 500000 kilomètres de hauteur.

L'analyse spectrale a fait reconnaître dans le Soleil la présence d'une vingtaine de corps simples : fer, nickel, cuivre, sodium, magnésium, baryum, calcium, etc. On n'y a pas encore signalé la présence de l'or, de l'argent et du platine, ni de métalloïdes autres que l'hydrogène et l'oxygène. On y a découvert un corps inconnu qu'on a nommé *hélium*.

201. — **Explication des taches.** — D'après le père Secchi[1], les

[1] Angelo Secchi, jésuite et astronome distingué, né à Reggio en 1818, mort en 1878. On lui doit plusieurs ouvrages importants, entre autres le *Soleil*, les *Étoiles*, un *Catalogue des étoiles doubles*, etc.

taches se font à la suite d'éruptions gazeuses qui, entraînant dans la masse solaire des soulèvements et des dépressions, forment dans la photosphère des cavités qui se remplissent de vapeurs métalliques refroidies dans les hauteurs de la chromosphère. Ces vapeurs ressemblent à des nuages épais, et interceptent plus ou moins les rayons émis par les couches lumineuses inférieures.

En soulevant les lucules de la photosphère, les éruptions forment les bourrelets si brillants qu'on appelle facules.

D'après M. Faye, les taches sont dues à des tourbillons analogues à ceux qui engendrent les trombes et les cyclones de notre atmosphère.

202. **Lumière zodiacale.** — La *lumière zodiacale* est une lueur

Fig. 80.

très faible (fig. 80), analogue à celle de la voie lactée, et que l'on peut apercevoir à l'ouest, le soir, après la fin du crépuscule, ou à l'est, le matin, avant l'aurore. Elle dessine sur la voûte du ciel un fuseau dont l'axe est couché sur le plan de l'écliptique. Cette lueur se montre dans le zodiaque ; de là son nom de lumière zodiacale.

Dans les régions intertropicales, la lumière zodiacale est visible toute l'année, pourvu que le ciel soit pur et que la Lune n'éclaire pas l'horizon ; mais dans nos climats on ne l'aperçoit que vers l'équinoxe du printemps, le soir, et vers l'équinoxe d'automne, le matin. Aux autres époques, sa présence est masquée, soit par le crépuscule, soit par les vapeurs de l'atmosphère.

§ II

Longitude et latitude célestes. — Précession des équinoxes. — Effets de la précession des équinoxes. — Découverte et cause de la précession des équinoxes. — Nutation de l'axe de la Terre.

203. **Longitude et latitude célestes.** — Nous avons vu que, pour déterminer la position d'un astre sur la sphère céleste, on peut employer deux coordonnées rapportées au plan de l'horizon, l'azimut et la distance zénithale (nº 16) ; ou bien deux autres coordonnées, rapportées au plan de l'équateur, l'ascension droite et la déclinaison (nº 46). Nous allons considérer maintenant un troisième système de coordonnées, rapportées au plan de l'écliptique : *la longitude et la latitude célestes*.

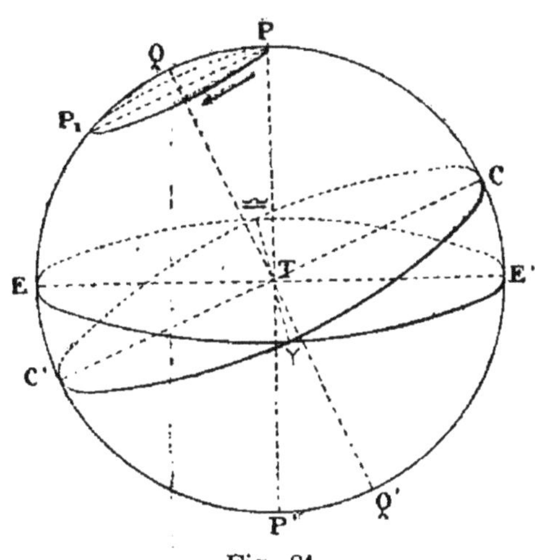

Fig. 81.

Soit QQ' (fig. 81) l'axe de l'écliptique CC' ; Q et Q' en sont les pôles.

On appelle *cercles de latitude* les grands cercles de la sphère céleste passant par les pôles de l'écliptique.

La *latitude* d'un astre est l'arc du cercle de latitude compris entre cet astre et l'écliptique.

La latitude de l'astre A est l'arc A*a* (fig. 82).

La latitude est boréale ou australe, suivant que l'astre est au nord ou au sud de l'écliptique ; elle se compte de 0° à ± 90°.

La *longitude* d'un astre est l'arc de l'écliptique compris entre le point vernal et le cercle de latitude de cet astre.

La longitude de l'astre A est l'arc γa (fig. 82).

Les longitudes célestes ont le point vernal pour origine ; elles se comptent sur l'écliptique, comme les ascensions droites sur l'équateur, de 0° à 360°, en allant de l'ouest vers l'est.

Ces deux nouvelles coordonnées sont principalement employées pour étudier les mouvements du Soleil et des planètes. Elles ne se trouvent pas par l'observation directe des astres, mais se déduisent de l'ascension droite et de la déclinaison, par des calculs de trigonométrie sphérique.

204. **Remarque.** — Les longitudes et les latitudes célestes diffèrent des coordonnées géographiques de même nom ; ces dernières se rapportent à l'équateur, tandis que les premières se rapportent à l'écliptique.

205. On a constaté dans toutes les étoiles un mouvement dont il est très difficile de saisir les lois, tant qu'on l'étudie au moyen des ascensions droites et des déclinaisons ; mais si on le rapporte à l'écliptique, par les latitudes et les longitudes, on trouve que les latitudes sont sensiblement invariables, et que les longitudes augmentent d'environ 50",2 par an.

206. Pour expliquer ce mouvement, on admet que la sphère céleste reste immobile et que la ligne des pôles PP' (fig. 82) tourne dans le sens rétrograde autour de l'axe QQ' sans cesser d'être perpendiculaire au plan de l'équateur qu'elle entraîne dans son mouvement.

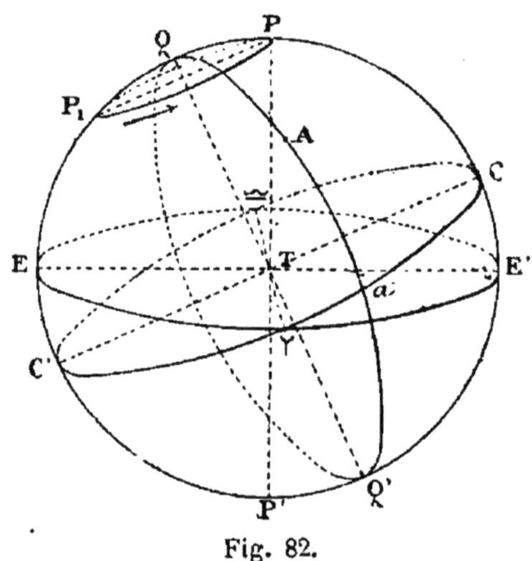

Fig. 82.

Dans cette hypothèse, la ligne des équinoxes ne cesse pas d'être perpendiculaire aux deux droites TP, TQ, et par suite à leur plan ; mais comme ce plan tourne autour de TQ, la ligne des equinoxes tourne dans le même sens, et avec elle les équinoxes et les solstices.

207. **Précession des équinoxes.** — La *précession des équinoxes* est un déplacement du point vernal dans le sens rétrograde. Ce déplacement est de 50",2 par an.

Pour déterminer ce déplacement, il suffit de connaître la longitude d'une même étoile à deux époques éloignées. En divisant la différence de ces deux longitudes par le nombre d'années qui séparent les deux observations, on trouve 50",2.

208. **Effets de la précession des équinoxes.** — 1° La précession avance l'instant des équinoxes. En effet, lorsque le Soleil arrive à l'équinoxe du printemps, il lui reste encore à parcourir un arc de 50",2 pour avoir fait un tour entier de l'écliptique. C'est de là que vient le nom de précession des équinoxes, et aussi la différence de 20 minutes environ qu'il y a entre l'année sidérale et l'année tropique.

2° Elle augmente annuellement la longitude des étoiles de 50",2 et, par suite, elle fait varier l'ascension droite et la déclinaison.

3° Elle déplace le pôle en lui faisant décrire annuellement un arc de 50",2 sur une circonférence PP_1 (fig. 82), située à 23° 27' du point Q; la durée d'une révolution entière est donc $\frac{360°}{50'',2}$, soit près de 26000 ans.

Le pôle, qui se trouve actuellement à 1° 28' de l'étoile polaire, s'en rapprochera encore pendant 250 ans, pour s'en éloigner ensuite. Dans 1200 ans, ce sera Wéga qui servira d'étoile polaire; cette étoile, aujourd'hui à 51° environ du pôle, n'en sera plus alors qu'à 5 degrés environ.

4° Il y a 2000 ans, au temps d'Hipparque[1], le Soleil, à l'équinoxe du printemps, était dans la constellation du Bélier; aujourd'hui, par suite de la précession, il se trouve dans celle des Poissons. En effet, depuis cette époque, le point vernal a rétrogradé de 50',2 × 2000, ou de 27° 53' 20". Les autres signes du zodiaque ont rétrogradé de la même quantité.

Dans un peu moins de 26000 ans, le Soleil aura occupé, à une même époque de l'année, toutes les constellations du zodiaque.

5° C'est encore la précession des équinoxes qui occasionne dans la durée des saisons les variations dont nous avons parlé au n° 148.

209. **Découverte et cause de la précession des équinoxes.** — Hipparque est le premier astronome qui ait remarqué ce phéno-

---

1 HIPPARQUE, astronome, vivait au IIe siècle avant J.-C. Il a créé la trigonométrie; on lui doit la projection stéréographique, la découverte de la précession des équinoxes; le premier, il a déterminé la parallaxe de la Lune et calculé, pour un lieu donné, les éclipses de Lune et de Soleil.

mène. Deux siècles plus tard, l'an 130 de J.-C., Ptolémée [1] le mit hors de doute.

On admet que la précession des équinoxes est due à l'attraction du Soleil sur le renflement équatorial.

210. **Nutation de l'axe de la Terre.** — La *nutation de la Terre* est le phénomène par lequel l'axe de notre globe, indépendamment de ses autres mouvements, décrit un cône à base elliptique en 18 ans $\frac{3}{4}$. L'un des axes de l'ellipse a 19″,3, l'autre 14″,4.

La combinaison de ce mouvement avec celui qui produit la précession fait que le pôle P (fig. 83) décrit sur la sphère céleste, autour de l'axe TQ de l'écliptique, une courbe sinueuse PP′P″...

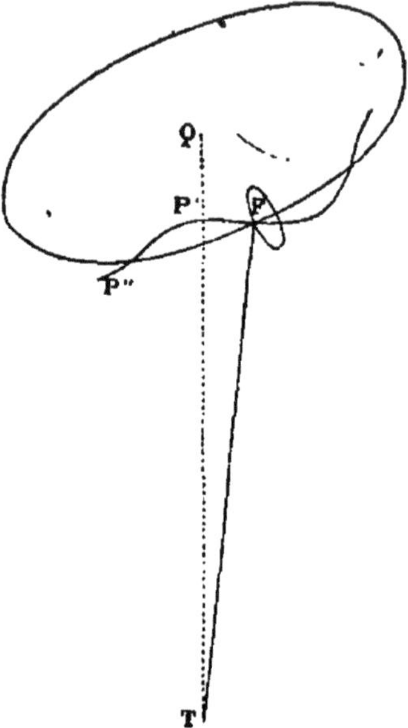

Fig. 83.

A cause de la nutation, l'axe de la Terre se rapproche ou s'éloigne du pôle de l'écliptique d'un angle qui atteint 19″,3. L'obliquité de l'écliptique suit les mêmes variations; elle ne peut donc s'écarter de sa valeur moyenne au delà de $\frac{19'',3}{2}$ ou de 9″,65.

La nutation de l'axe de la Terre a été découverte par Bradley [2]. La cause en est attribuée à l'attraction de la Lune sur le renflement équatorial de la Terre.

RÉSUMÉ

La *parallaxe d'un astre* est l'angle sous lequel le rayon de la Terre serait vu du centre de cet astre.

La parallaxe du Soleil est de 8″,86; elle sert à calculer la distance du Soleil à la Terre.

La distance du Soleil à la Terre est de 23280 rayons terrestres, soit 148 millions de kilomètres environ.

---

[1] Ptolémée, astronome et géographe vivait à Alexandrie 130 ans après J.-C. Dans son système astronomique, la Terre était immobile au centre du monde, la sphère céleste exécutait, d'orient en occident, le mouvement diurne.

[2] Bradley, astronome anglais, né en 1692, mort en 1762. On lui doit la découverte de l'aberration de la lumière et celle de la nutation de l'axe de la Terre.

Le rayon du Soleil vaut environ 108 rayons terrestres.

Le volume du Soleil égale 1 300 000 fois celui de la Terre; sa densité est 1,386 environ; sa masse égale environ 324 000 fois celle de la Terre.

Avec une lunette astronomique, on observe à la surface du Soleil des taches variables tant pour la forme que pour l'étendue.

Les taches du Soleil paraissent effectuer une révolution en 27 jours environ. On en déduit que la rotation du Soleil se fait en 25 jours $\frac{1}{10}$.

On considère le Soleil comme une masse continue de gaz et de vapeurs possédant une chaleur énorme.

L'analyse spectrale a fait reconnaître dans le Soleil la présence d'une vingtaine de corps simples.

La position des astres est souvent déterminée par la *latitude* et la *longitude célestes*.

Les *cercles de latitude* sont les grands cercles de la sphère céleste qui passent par les pôles de l'écliptique.

La *latitude d'un astre* est l'arc du cercle de latitude compris entre cet astre et l'écliptique.

La latitude est boréale ou australe; elle varie de 0° à $\pm$ 90°.

La *longitude d'un astre* est l'arc d'écliptique compris entre le point vernal et le cercle de latitude de cet astre.

La longitude varie de 0° à 360°.

La *précession des équinoxes* est un déplacement du point vernal dans le sens rétrograde. Ce déplacement est de 50″,2 par an.

La précession des équinoxes avance l'instant des équinoxes de 20 minutes environ chaque année; elle augmente annuellement la longitude des étoiles de 50″,2; elle déplace lentement le pôle, et occasionne des variations dans la durée des saisons.

La *nutation de l'axe de la Terre* est le phénomène par lequel l'axe de notre globe, indépendamment des autres mouvements, décrit un cône à base elliptique en 18 ans $\frac{3}{4}$ environ.

CHAPITRE VI

MOUVEMENT DE LA TERRE

---

§ I

Mouvement de rotation de la Terre. — Preuve par l'augmentation de l'intensité de la pesanteur de l'équateur aux pôles. — Pendule de Foucault. — Un corps qui tombe librement ne suit pas la direction de la verticale.

211. **Mouvement de rotation de la Terre.** — Jusqu'ici nous avons supposé que la sphère céleste est animée d'un mouvement de rotation. Cette hypothèse explique bien tous les phénomènes du mouvement diurne; mais les faits précédemment énoncés s'expliquent aussi facilement en supposant que la sphère céleste est immobile, et que la Terre tourne sur elle-même de l'ouest à l'est autour de la ligne des pôles.

D'ailleurs, le mouvement de la sphère céleste n'est pas probable. En effet, cette sphère renferme une multitude de corps distincts, très éloignés les uns des autres et placés à des distances très différentes de la Terre. Si la sphère céleste tournait, il faudrait admettre les conséquences suivantes :

1° Les astres, quoique à des distances très différentes de la Terre, auraient la même vitesse angulaire;

2° Un certain nombre d'astres, bien plus grands que la Terre, seraient assujettis à tourner autour d'elle, contrairement aux lois de la mécanique;

3° Les étoiles les plus rapprochées de la Terre auraient une vitesse de translation supérieure à 300 000 km. par seconde.

Or toutes ces conséquences sont invraisemblables.

Voici d'autres preuves :

4° Les astronomes qui admettaient le mouvement de la sphère céleste ne pouvaient expliquer les mouvements particuliers du Soleil, des planètes et de leurs satellites, qu'en supposant dans l'espace d'autres sphères concentriques à la sphère céleste, ayant un mouvement différent et indépendant de la première. Leur système était excessivement compliqué. Tout se simplifie merveilleusement dès que l'on admet le mouvement de la Terre.

5° Le Soleil, les planètes et la Lune tournent sur eux-mêmes; il est tout naturel que la Terre soit animée d'un mouvement analogue.

6° On doit à M. Plateau[1] une expérience fort ingénieuse.

Si, dans un mélange d'eau et d'alcool, ayant la même densité que l'huile, on laisse tomber une certaine quantité de ce dernier liquide, on lui voit prendre immédiatement la forme sphérique. Si on lui imprime un mouvement de rotation autour d'un axe, la sphère devient un ellipsoïde dont le petit axe coïncide avec l'axe de rotation. L'aplatissement de l'ellipsoïde augmente avec la vitesse du mouvement.

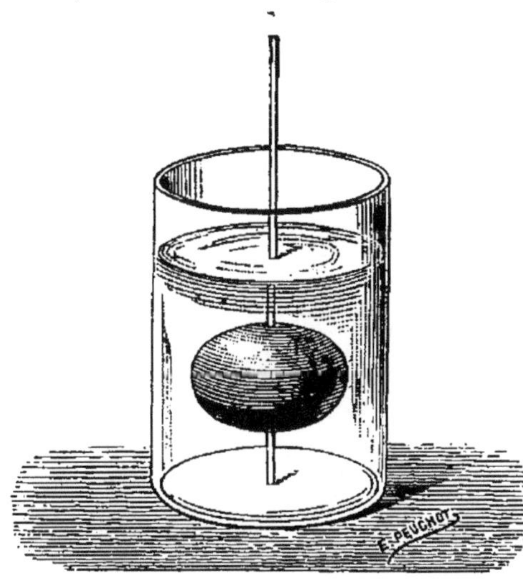

Fig. 64.

En admettant, avec la plupart des géologues, que la Terre ait été fluide à l'origine, cette expérience montre que la forme ellipsoïdale de notre globe est due à un mouvement de rotation.

7° La direction des vents alizés s'explique par la rotation de la Terre.

Les faits que nous venons d'exposer nous font seulement pressentir que la Terre tourne; mais on a des preuves directes de son mouvement de rotation. Nous allons donner sommairement les principales.

212. **Preuve par l'augmentation de l'intensité de la pesanteur de l'équateur aux pôles.** — On constate, au moyen du pendule, que l'intensité de la pesanteur est plus grande aux pôles qu'à l'équateur.

Cette augmentation est due à plusieurs causes.

1° Un corps situé à l'un des pôles est plus rapproché du centre

1. Physicien belge.

de la Terre que s'il était à l'équateur; sa pesanteur est donc plus grande; mais cette différence, due à l'aplatissement du globe, est loin d'égaler celle que constate l'observation; une autre cause agit donc aussi sur l'intensité de la pesanteur. Cette cause est la rotation de la Terre. Si la Terre tourne, la vitesse d'un point quelconque de sa surface, nulle aux pôles, va en augmentant jusqu'à l'équateur, où elle atteint son maximum; or la force centrifuge, développée par la rotation, a pour effet de diminuer l'intensité de la pesanteur. En introduisant ce second élément dans le calcul de la pesanteur, on arrive à un résultat identique avec celui que donne l'observation, ce qui justifie l'hypothèse.

213 **Pendule de Foucault.** — Supposons qu'un pendule soit

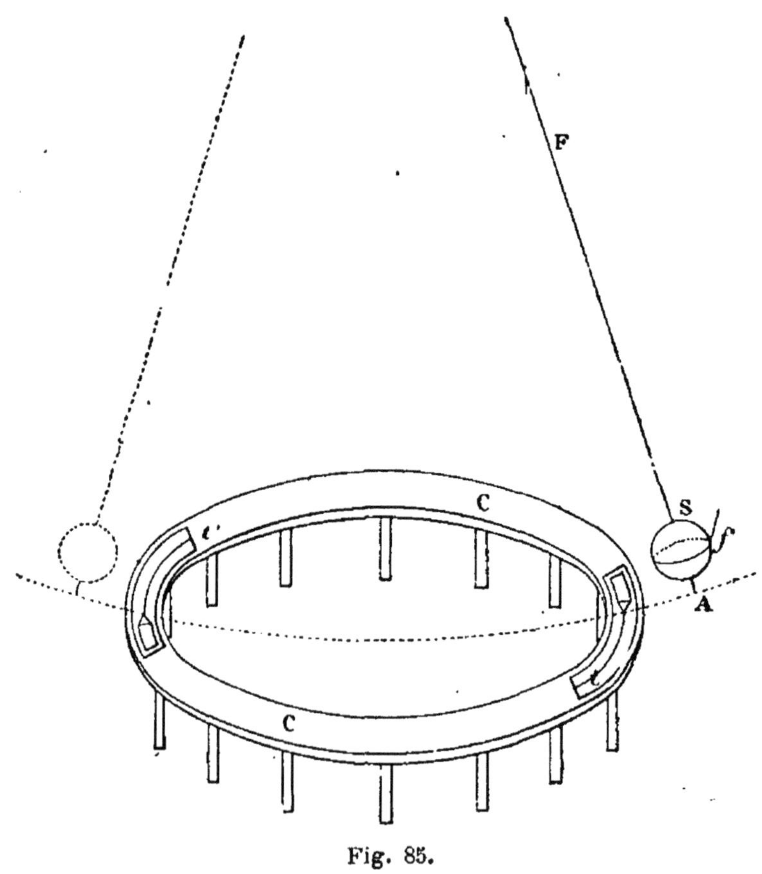

Fig. 85.

établi à l'un des pôles et que le point de suspension soit sur l'axe de rotation de la Terre. Si l'on fait osciller ce pendule, on ne tardera pas à s'apercevoir que la trace du plan d'oscillation varie continuellement et régulièrement dans le sens du mouvement de la sphère céleste; de telle sorte que, si le pendule oscillait pendant 24 heures, la trace horizontale du plan qu'il décrit ferait le tour entier de l'horizon sans cesser de passer par la projection horizontale du point de suspension.

Or le plan d'oscillation du pendule est invariable; son déplacement apparent est donc produit par le mouvement de rotation de la Terre.

Du pôle à l'équateur, le même phénomène se produit; mais la déviation apparente diminue. Elle est nulle à l'équateur.

Foucault[1] fit l'expérience du pendule à Paris en 1851. Une spèhre S (fig. 85), du poids de 28 kgr., fut suspendue à la voûte du Panthéon à l'aide d'un fil F de 64 mètres de longueur; cette sphère portait une aiguille A placée sur le prolongement du fil de suspension. Le pendule était retenu à la paroi du mur au moyen d'un fil *f*. On brûla ce fil. Alors commença une longue série d'oscillations, dont chacune durait environ 8 secondes. A chaque oscillation, l'aiguille A du pendule passait au-dessus du centre d'un cercle horizontal C, et ébréchait deux petits tas de sable *tt'* disposés sur la circonférence en forme de prismes triangulaires. A chaque passage, la pointe ébréchait les tas de sable d'environ deux millimètres et demi.

214. Un corps qui tombe librement ne suit pas la direction de la verticale. — Si l'on supposait la Terre immobile, et qu'on abandonnât un corps dans l'espace, il tomberait suivant la verticale du lieu; mais si la Terre tourne, le corps sera dévié de la verticale.

En effet, la vitesse d'un point quelconque est proportionnelle à la distance de ce point à l'axe de rotation. Supposons que d'un point B (fig. 86), situé au bord occidental d'un puits, on abandonne un corps C à son poids; ce corps, en tombant, continue à se mouvoir vers l'est avec la vitesse qu'il avait au point B, vitesse qui est plus grande que celle d'un point *b* placé au fond du puits sur la même verticale. Dès lors, le chemin parcouru par B étant plus grand que celui parcouru par *b*, le corps tombera en C_1 à l'est du point *b'*.

Des expériences faites par M. Reich, à Freyberg, dans un puits

---

[1] Léon Foucault, né à Paris le 18 septembre 1819, mort en 1868. Physicien et mécanicien; outre l'expérience du pendule et l'invention du gyroscope, on lui doit de grands perfectionnements dans la construction des télescopes, etc.

de 158^{m},50 de profondeur, ont justifié cette théorie. Elles ont donné une déviation de 0^{m},0283, alors que le calcul indiquait 0^{m},0276.

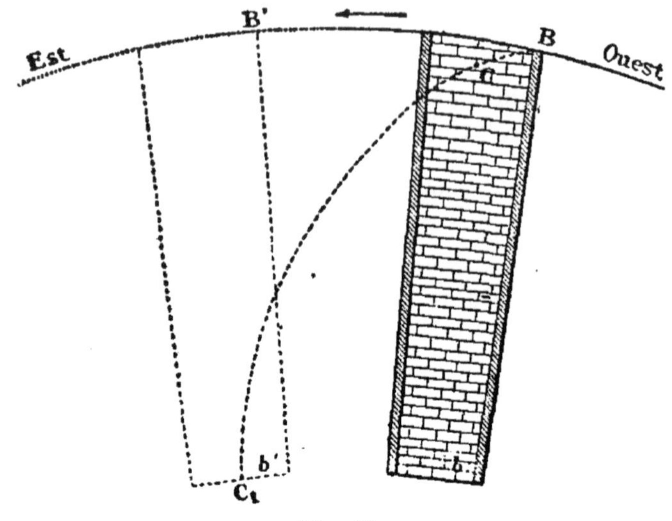

Fig. 86.

De tout ce qui précède, on peut conclure que *la Terre tourne sur elle-même de l'ouest à l'est autour de la ligne des pôles; et qu'elle effectue une rotation entière en 24 heures sidérales.*

§ II

Le mouvement du Soleil sur l'écliptique n'est qu'apparent. — Mouvement de la Terre autour du Soleil. — Aberration. — Périhélie. — Aphélie.

215. **Le mouvement du Soleil sur l'écliptique n'est qu'apparent.** — Le mouvement annuel du Soleil, aussi bien que le mouvement diurne de la sphère céleste, n'est qu'une apparence. Nous allons démontrer que les phénomènes célestes s'expliquent aussi facilement en admettant le Soleil fixe et la Terre mobile.

Supposons que la Terre soit immobile en T (fig. 87), et que S, S', S''... soient les positions successives du Soleil sur le plan de l'écliptique; P,P',P''... seront ses projections sur la sphère céleste; cet astre paraîtra ainsi se mouvoir dans le sens PP'P''...

Si l'on suppose maintenant le Soleil immobile en S, tandis que la Terre T décrit dans le sens TT'T''... une orbite égale à SS'S''..., le Soleil se projettera en P, lorsque la Terre sera en T; mais ensuite, lorsque notre globe aura parcouru des arcs TT', T'T''..., égaux à SS',S'S''..., le Soleil se projettera suivant les directions

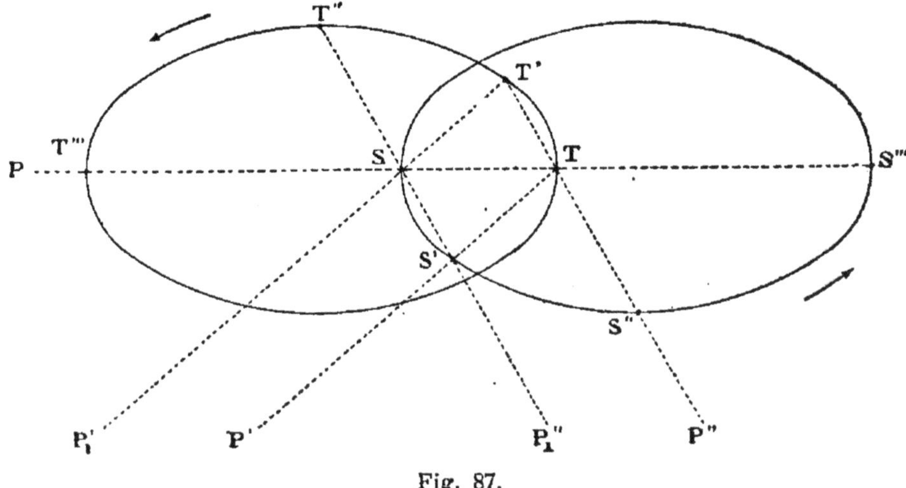

Fig. 87.

T'P₁', T''P₁''..., respectivement parallèles aux premières, et semblera se mouvoir dans le même sens que tout à l'heure. Les apparences seront donc les mêmes dans les deux cas.

216. **Mouvement de la Terre autour du Soleil.** — Le volume du Soleil étant 1300000 fois plus grand que celui de la Terre, il est rationnel d'admettre que c'est la Terre qui tourne autour du Soleil.

Nous verrons dans la suite que les planètes tournent autour du Soleil, et que leur mouvement apparent s'explique facilement lorsqu'on admet le déplacement de la Terre, mais qu'il devient très compliqué si on la suppose immobile.

D'ailleurs, la Terre ayant beaucoup d'analogie avec les planètes, il est naturel de penser qu'elle a les mêmes mouvements.

217. **Aberration.** — L'*aberration*[1] *annuelle* des étoiles, découverte par Bradley, est une déviation apparente des rayons lumineux qu'elles nous envoient.

Cette déviation est due à la combinaison du mouvement de la Terre avec celui de la lumière qui nous vient de ces astres.

---

[1] Du latin *aberrare*, s'égarer.

Soit TT' (fig. 88) l'espace parcouru par la Terre en un temps très court, et AT l'espace parcouru dans le même temps par les rayons lumineux d'une étoile E. Comme la vitesse de la lumière est environ 10000 fois plus grande que celle de la Terre dans son mouvement de translation autour du Soleil, AT sera environ 10000 fois plus grand que TT'. La lumière nous arrivera suivant la direction de la résultante AT', un peu différente de AT. L'étoile se voit dans la direction T'E'.

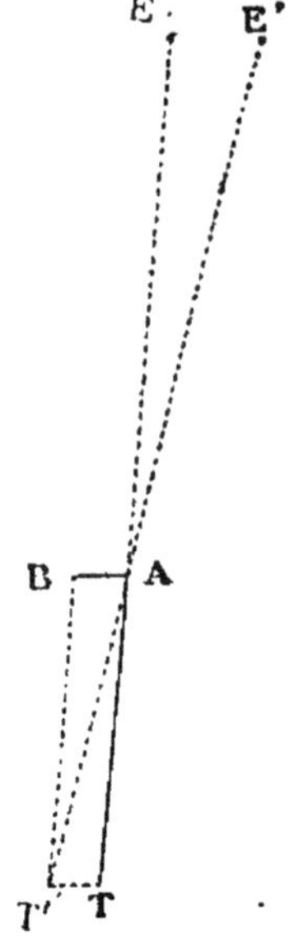

Fig. 88.

Comme le sinus de 20″45 est sensiblement égal à $\frac{1}{10000}$, l'angle EAE', appelé *angle d'aberration*, est égal à environ 20″,45.

De plus, la Terre tournant autour du Soleil, la ligne TE' tourne autour de TE et l'étoile semble se déplacer sur la sphère céleste.

Une étoile qui serait placée au pôle de l'écliptique décrirait un cercle de 40″,90 de diamètre. Les étoiles placées entre le pôle de l'écliptique et l'écliptique décrivent des ellipses de plus en plus aplaties, mais dont le grand axe est toujours égal à 40″,90. Sur l'écliptique, l'ellipse se réduit à son grand axe.

218. **Conclusion.** — Il résulte de ce qui précède que *la Terre tourne autour du Soleil et qu'elle décrit, avec une vitesse angulaire variable, une ellipse dont cet astre occupe l'un des foyers.*

La vitesse de translation de la Terre est d'environ 30 kilom. par seconde.

219. **Périhélie. — Aphélie.** — On appelle *périhélie*[1] le point de l'orbite de la Terre le plus rapproché du Soleil, et *aphélie*[2], celui qui en est le plus éloigné.

La Terre passe à son périhélie en T (fig. 87), vers le 31 décembre, et à son aphélie en T‴ au commencement de juillet.

Ces époques sont les mêmes que celles du périgée et de l'apogée (nº 135).

RÉSUMÉ

Le mouvement de la sphère céleste n'est pas probable. En effet, si la Terre était immobile il faudrait admettre les invraisemblances suivantes :

---

1 De deux mots grecs signifiant *autour du Soleil.*
2 » » *loin du Soleil.*

1° Les astres, quoique à des distances très différentes de la Terre, auraient tous la même vitesse angulaire.

2° Des astres beaucoup plus gros que la Terre seraient assujettis à tourner autour d'elle.

3° Les étoiles les plus rapprochées de la Terre auraient une vitesse de translation supérieure à 300 000 kilomètres par seconde.

En supposant la Terre immobile, il est très difficile d'expliquer les mouvements apparents des planètes.

Le Soleil, la Lune et les planètes tournent sur eux-mêmes; il est naturel d'admettre que la Terre a aussi un mouvement de rotation.

L'aplatissement de la Terre est regardé comme une conséquence de sa rotation.

La direction des vents alizés s'explique par la rotation de la Terre.

Les principales preuves directes sont:

Le pendule de Foucault, qui rend visible le mouvement de la Terre.

La déviation vers l'est de la direction d'un corps qui tombe.

L'aberration des étoiles.

Conclusion. — En 24 heures sidérales, la Terre effectue, autour de la ligne des pôles, une rotation d'occident en orient.

On démontre aussi que la Terre tourne autour du Soleil et qu'elle décrit, avec une vitesse angulaire variable, une ellipse dont cet astre occupe l'un des foyers.

On appelle *périhélie* le point de l'orbite de la Terre le plus rapproché du Soleil, et *aphélie* celui qui en est le plus éloigné.

La Terre passe à son périhélie vers le 31 décembre, et à son aphélie au commencement de juillet.

QUATRIÈME PARTIE

LA LUNE

CHAPITRE I

PHASES ET MOUVEMENTS DE LA LUNE

---

§ I

Diamètre apparent de la Lune. — Mouvement propre de la Lune. — Nœuds. — Inclinaison de l'orbite lunaire. — Nutation de la Lune. — Révolution sidérale. — Révolution tropique. — Révolution synodique. — Orbite de la Lune. — Cercle d'illumination. — Contour apparent. — Conjonction. — Opposition. — Quadrature. — Phases de la Lune. — Explication des phases de la Lune. — Syzygies. — Quadratures. — Octants. — Lumière cendrée.

220. **Diamètre apparent de la Lune.** — Le diamètre apparent de la Lune se mesure comme celui du Soleil (nº 129). On rapporte au centre de la Terre les observations faites à sa surface. Ce diamètre varie entre 33′33″ et 29′26″; il est en moyenne de 31′29″.

221. **Mouvement propre de la Lune.** — Le mouvement de la Lune sur la sphère céleste se détermine comme celui du Soleil (nº 116), en mesurant, à divers intervalles, l'ascension droite et la déclinaison de son centre.

On trouve ainsi que la Lune décrit à peu près un grand cercle, d'occident en orient. En une heure, le déplacement est sensiblement égal au diamètre apparent de l'astre, ce qui fait environ 13° par jour.

222. **Nœuds.** — L'intersection du plan de l'orbite de la Lune avec celui de l'écliptique est connue sous le nom de *ligne des nœuds*.

Le *nœud ascendant* est le point où la Lune rencontre l'écliptique en passant de l'hémisphère austral dans l'hémisphère boréal.

Le *nœud descendant* est le point où la Lune rencontre l'écliptique en passant de l'hémisphère boréal dans l'hémisphère austral.

Ces points sont analogues aux points équinoxiaux et se déterminent de la même manière (n° 126); ils sont soumis à une rétrogradation beaucoup plus rapide (n° 207) puisqu'ils font une révolution entière en 18 ans $\frac{3}{5}$ environ.

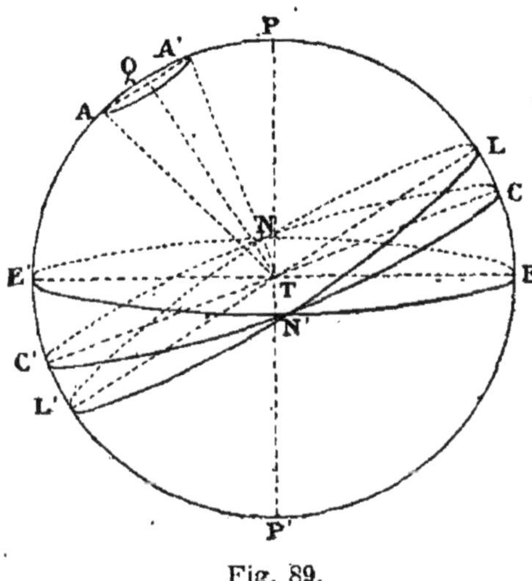

Fig. 89.

223. Inclinaison de l'orbite lunaire. — L'inclinaison de l'orbite de la Lune sur l'écliptique est l'angle que fait l'orbite de la Lune avec le plan de l'écliptique.

Cette inclinaison est mesurée par l'angle LTC (fig. 89).

L'inclinaison de l'orbite lunaire sur l'écliptique est à peu près constante; sa valeur est de 5° 9′ environ.

La rétrogradation des nœuds montre que l'axe AT de l'orbite de la Lune décrit, autour de l'axe TQ de l'écliptique, un cône ATA′ dont l'angle ATQ = LTC = 5°9′.

Ce mouvement explique les variations que subit l'obliquité du plan de l'orbite de la Lune sur le plan de l'équateur,

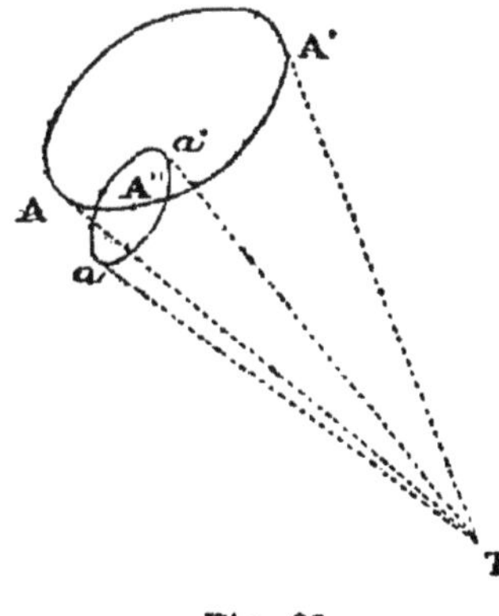

Fig. 90.

224. Nutation de la Lune. — Le mouvement circulaire de AT se combine avec un autre qu'on appelle *nutation*, par lequel, abstraction faite de celui dont nous venons de parler, l'axe AT décrit un cône à base circulaire aTa' (fig. 90), dont l'angle aTA″ = 8′47″. Il suit de là que l'inclinaison de l'orbite de la Lune sur l'écliptique (n° 223) n'est pas constante; elle varie entre 5°9′ ± 8′47″, ou entre 5°0′13″ et 5°17′47″.

Ces divers mouvements sont dus aux attractions du Soleil et de la Terre.

225. **Révolution sidérale.** — On appelle *révolution sidérale* de la Lune le temps que met cet astre à revenir au méridien d'une même étoile.

Sa durée est de 27 jours moyens 321 661, ou de 27 j. 7 h. 43 m. 11 s., 5.

226. **Révolution tropique.** — La *révolution tropique* de la Lune est le temps qui sépare deux de ses passages consécutifs à une même longitude céleste.

Ce temps est égal à 27 jours moyens 321 582 ou 27 j. 7 h. 43 m. 4 s., 7.

Cette révolution est un peu plus courte que la révolution sidérale, à cause de la précession des équinoxes.

227. **Révolution synodique.** — On appelle *révolution synodique* de la Lune le temps qu'emploie cet astre pour revenir au même méridien que le Soleil.

Cette révolution, qu'on appelle aussi *mois lunaire* ou *lunaison*, est plus longue que la révolution sidérale.

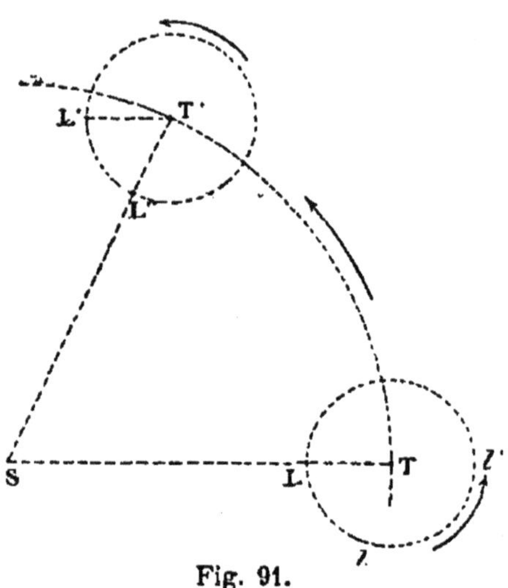

Fig. 91.

En effet, soient S et L (fig. 91) les positions respectives du Soleil et de la Lune, au moment où les deux astres se trouvent sur le même méridien. Pendant que la Lune effectue une révolution sidérale, la Terre parcourt une partie de son orbite; elle se trouvera en T', par exemple, et la Lune en L', de manière que T'L' soit parallèle à LT. Mais alors, la Lune a encore un arc L'L'' à parcourir, pour se trouver sur le même méridien que le Soleil. La durée de la révolution synodique est donc plus grande que celle de la révolution sidérale. Elle est de 29 j. 12 h. 44 m. environ.

228. **Orbite de la Lune.** — Les variations du diamètre apparent de la Lune prouvent que sa distance à la Terre n'est pas constante.

En opérant comme pour le Soleil (n° 133), on trouve que l'orbite de la Lune est une ellipse, dont la Terre occupe l'un des foyers, et dont l'excentricité est d'environ $\frac{1}{18}$.

Le mouvement de translation de la Lune est soumis à la loi des aires (nº 137).

La Lune est à son *périgée* lorsqu'elle est au point de son orbite le plus rapproché de la Terre; elle est à son *apogée* lorsqu'elle est au point le plus éloigné. Ces deux points déterminent les extrémités du grand axe de l'ellipse.

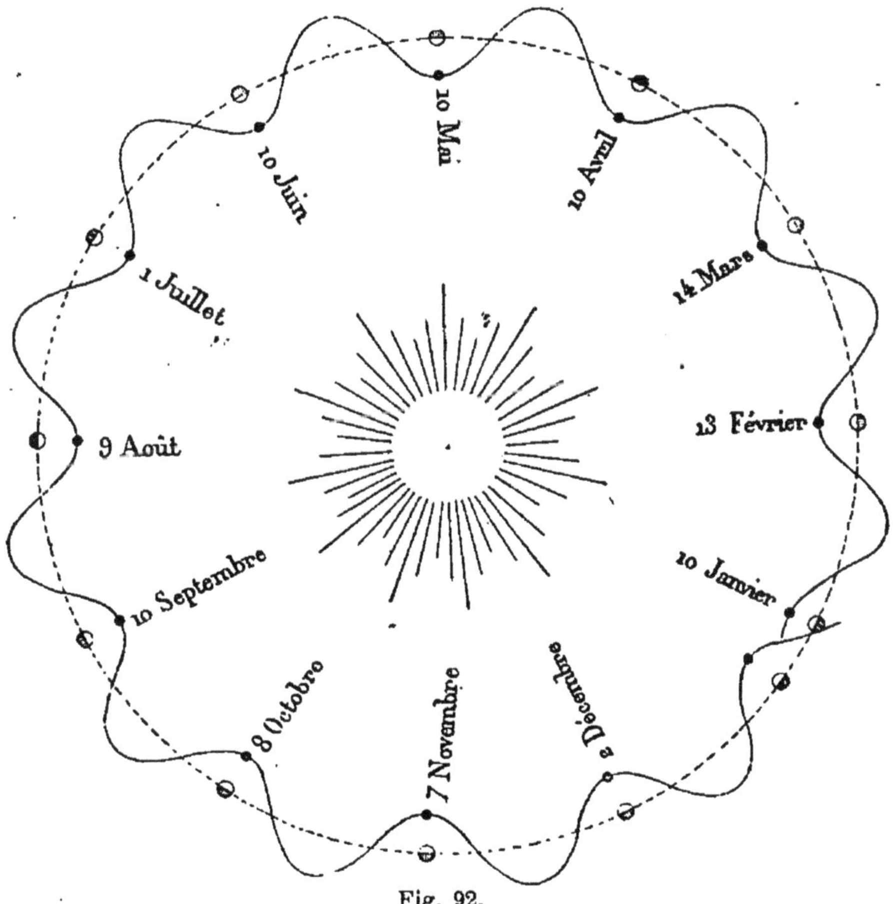

Fig. 92.

Le mouvement de la Lune autour de la Terre, combiné avec celui de la Terre autour du Soleil, donne une courbe sinueuse non fermée, à peu près semblable à celle de la figure 92.

229. **Cercle d'illumination. — Contour apparent. —** La Lune n'étant pas lumineuse par elle-même, son hémisphère tourné vers le Soleil est seul éclairé.

On appelle *cercle d'illumination* la ligne de séparation d'ombre et de lumière; c'est un grand cercle ii' (fig. 93).

Le *contour apparent* est le grand cercle qui limite l'hémisphère vu de la Terre; aa' (fig. 93).

230. **Conjonction. — Opposition. — Quadrature.** — La Lune et le Soleil sont en *conjonction* lorsque les deux astres ont même longitude; ils sont alors situés du même côté de la Terre.

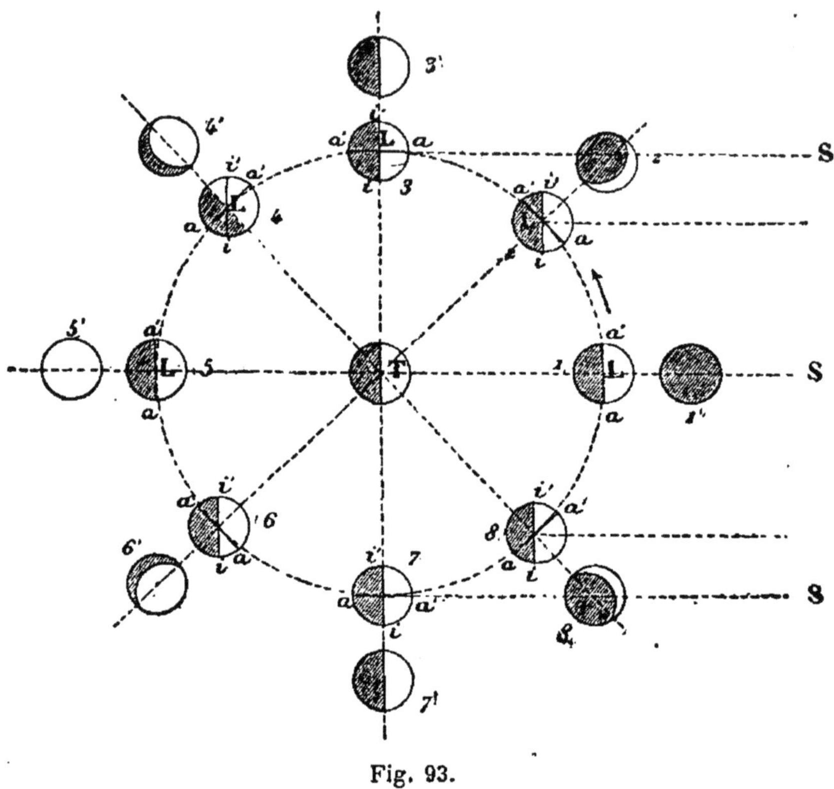

Fig. 93.

La Lune est en *opposition* avec le Soleil lorsque les longitudes de ces astres diffèrent de 180°. A ce moment la Terre se trouve entre la Lune et le Soleil.

La Lune se trouve en *quadrature* avec le Soleil, lorsque les deux longitudes diffèrent de 90°.

231. **Phases de la Lune.** — On appelle *phases de la Lune* les divers aspects sous lesquels cet astre nous apparaît.

232. **Explication des phases de la Lune.** — Soit L (fig. 93) la Lune tournant autour de la Terre, supposée immobile en T. Le

Soleil étant très éloigné à droite de la figure, ses rayons peuvent être considérés comme parallèles.

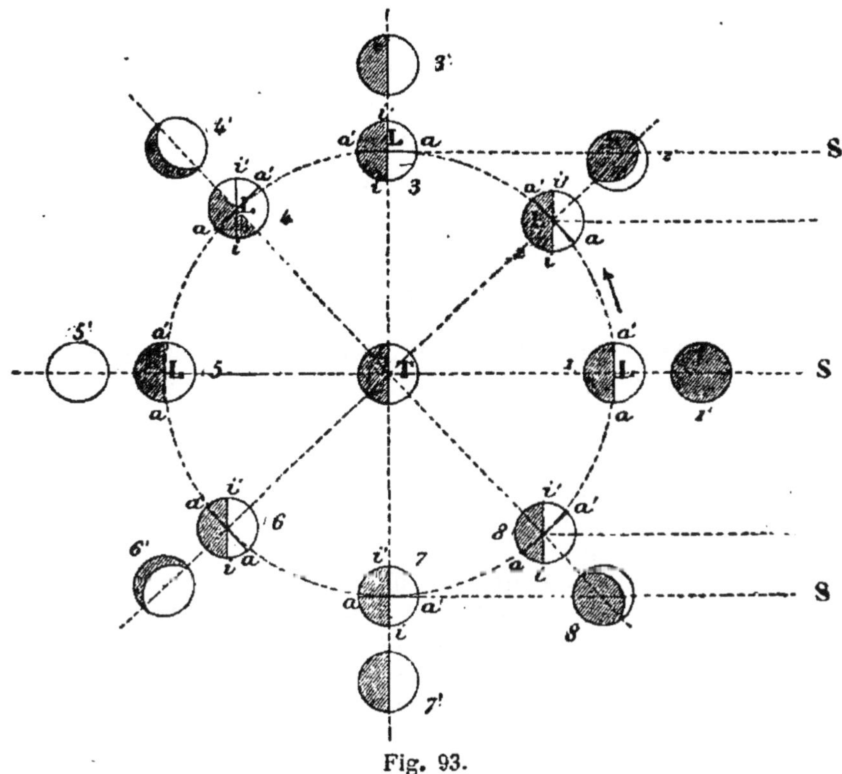

Fig. 93.

Lorsque la Lune est en conjonction avec le Soleil, elle occupe la position 1; son cercle d'illumination se confond avec le contour apparent, et elle tourne vers la Terre celui de ses hémisphères qui est dans l'ombre. Elle est alors invisible pour nous; c'est la *nouvelle Lune.*

Les jours suivants, la Lune occupe successivement toutes les positions comprises entre 1 et 3. La partie visible de la Terre est un croissant très délié, mais dont la largeur augmente chaque jour. La Lune se voit alors peu de temps après le coucher du Soleil.

Lorsque la Lune est arrivée en 3, vers le 7° jour, la moitié de son disque est brillant; elle a l'aspect représenté en 3'. C'est le *premier quartier.*

De 3 à 4, une plus grande portion de la partie éclairée est tournée vers la Terre. La Lune arrive à l'opposition en 5, après avoir passé par les degrés intermédiaires. Alors le cercle d'illumination et le contour apparent se confondent de nouveau;

mais, cette fois, c'est l'hémisphère éclairé qui est tourné vers la Terre. On a alors la *pleine Lune.*

La Lune continuant son mouvement, la partie éclairée diminue; arrivée en 7, la Lune est à son *dernier quartier.* Les jours suivants, elle se montre le matin avant le lever du Soleil sous la forme d'un croissant de plus en plus délié, puis elle revient en 1 et une nouvelle *lunaison* commence.

233. **Syzygies. — Quadratures. — Octants.** — On donne le nom de *syzygies*[1] à la nouvelle et à la pleine Lune (1 et 5, fig. 93); celui de *quadratures*[2] au premier et au dernier quartier (3 et 7) et celui d'*octants*[3] aux positions équidistantes des syzygies et des quadratures.

On désigne aussi par nouvelle Lune, premier quartier, pleine Lune, dernier quartier, les temps respectifs que la Lune emploie pour passer de 1 à 3, de 3 à 5, etc.

Remarques. — 1° Dans l'explication qui précède, nous avons supposé que les rayons lumineux qui arrivent sur la Lune sont parallèles entre eux. Ils ne le sont pas rigoureusement, parce que le Soleil n'est pas à une distance infinie de la Lune.

Nous avons également admis que la Lune se meut dans le plan de l'écliptique, quoique en réalité elle soit tantôt d'un côté de ce plan, et tantôt de l'autre. Il faut encore observer que la Terre n'est pas immobile dans l'espace, comme nous l'avons supposé.

Ces diverses causes ne modifient pas sensiblement l'aspect des phases de la Lune; elles en augmentent seulement la durée.

2° Les explications précédentes semblent indiquer que l'ensemble des phénomènes décrits se passe pendant une révolution sidérale de la Lune, tandis qu'ils durent pendant une révolution synodique entière.

En effet, soit S,T,L (fig. 91), les positions respectives du Soleil, de la Terre et de la Lune au moment d'une nouvelle Lune. Pendant que la Lune fait un tour entier de son orbite Ll', la Terre est venue en T′ et le point L en L′, les rayons TL et T′L′ étant parallèles. Or, pour achever sa révolution synodique, il faut que la Lune arrive en L″; elle a donc encore à parcourir l'arc L′L″. Cette particularité augmente la durée des phases, mais n'en modifie nullement les apparences.

3° A l'époque de la pleine Lune, cet astre, étant en opposition avec le Soleil, occupe sur l'écliptique à peu près la même position qu'occupait le Soleil six mois auparavant; dès lors, en hiver, la pleine Lune est très haut sur l'horizon, à son passage au méridien, tandis qu'en été elle est très bas.

234. **Lumière cendrée.** — La Terre réfléchit dans l'espace les

---

1 D'un mot grec qui veut dire *joint*.

2 Du latin *quadratus*, carré.

3 Du latin *octans*, huitième partie.

rayons lumineux du Soleil. Vue de la Lune, la Terre a donc aussi ses phases. A la nouvelle Lune, l'hémisphère terrestre tourné vers cet astre est entièrement éclairé; il y a alors *pleine Terre;* c'est l'inverse qui arrive à la pleine Lune.

Fig. 94.

Les phases de la Terre et de la Lune sont à peu près supplémentaires. C'est donc aux environs de la nouvelle Lune que la Terre réfléchit une plus grande quantité de lumière sur son satellite.

La lumière que la Terre réfléchit sur la Lune, et que celle-ci nous renvoie, est appelée *lumière cendrée* (fig. 94) ; elle nous permet d'apercevoir, quelques jours avant la nouvelle Lune, et quelques jours après, la partie du disque lunaire qui est dans l'ombre.

On pourrait dire que la lumière cendrée est un clair de Terre sur la Lune.

La lumière cendrée devient beaucoup plus visible si l'on cache le croissant brillant de la Lune.

§ II

Taches de la Lune. — Rotation de la Lune. — Le jour et la nuit à la surface de la Lune. — Librations.

235. **Taches de la Lune.** — On aperçoit à la surface de la Lune des taches qui diffèrent de celles du Soleil par leur permanence, leur forme invariable et la fixité de leur position.

Les taches font voir que la Lune montre toujours le même hémisphère à la Terre.

235. **Rotation de la Lune.** — De ce que la Lune montre toujours le même hémisphère à la Terre, on conclut qu'elle est animée d'un mouvement de rotation autour de l'un de ses diamètres.

En effet, soit L (fig. 95) une position quelconque de la Lune, et *aa'* le contour apparent. Si, pendant qu'elle vient en L', la

Lune ne tournait pas sur elle-même, le grand cercle aa' aurait la position $a_2a'_2$, parallèle à aa'. Ce cercle ne serait plus le contour apparent. Mais, puisque c'est toujours le même hémisphère que nous voyons, aa' est venu en $a_1a'_1$; il a donc tourné,

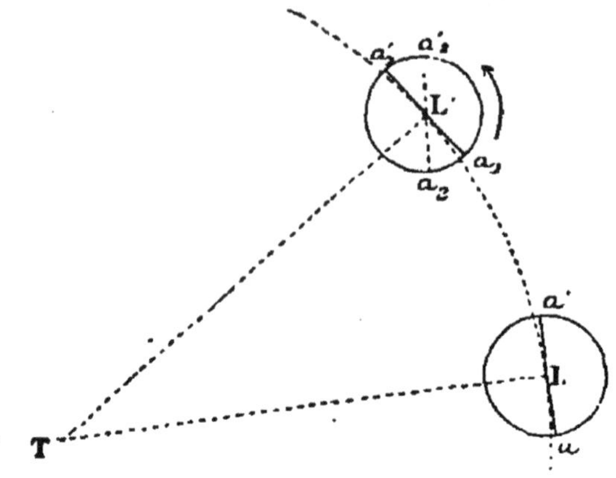

Fig. 95.

dans le sens de la flèche, d'un angle $a_1L'a_2$ égal à LTL'; d'où l'on conclut que la Lune tourne sur elle-même d'occident en orient.

La durée de la rotation de la Lune est exactement égale à celle de la révolution sidérale (n°225), car s'il existait une différence dans la durée de ces deux mouvements, nous apercevrions graduellement une nouvelle portion de la surface de la Lune; or, depuis des siècles, on voit le même hémisphère, comme le constatent les descriptions des anciens astronomes.

L'axe autour duquel s'effectue ce mouvement fait un angle de 83°20′49″ avec le plan de l'orbite de la Lune, et un angle de 88°29′40″ avec l'écliptique.

236. **Le jour et la nuit à la surface de la Lune.** — On voit, d'après ce qui précède, qu'un même point de la Lune reçoit la lumière du Soleil pendant la moitié d'une lunaison, soit environ 15 jours; il en est privé pendant l'autre moitié.

237. **Librations.** — Une observation attentive de la Lune nous montre que ses taches, tout en conservant leurs positions respectives, sont soumises à un certain mouvement de va-et-vient qu'on appelle *libration* [1].

Ce balancement est la résultante des trois mouvements distincts connus sous les noms de *libration en longitude*, *libration en latitude* et *libration diurne*.

238. **Libration en longitude.** — Le mouvement de rotation de

[1] Du latin *librare*, balancer.

la Lune est uniforme, tandis que son mouvement de translation est varié, à cause de l'excentricité de son orbite, d'après la loi des aires. Au périgée, le second de ces mouvements est plus rapide que le premier; il nous permet de voir, au bord occidental, une partie du disque lunaire que nous ne voyions pas auparavant, tandis qu'une portion égale du bord opposé disparaît.

Ce mouvement, qu'on appelle *libration en longitude,* se fait de l'est à l'ouest; il a une amplitude d'environ 8°.

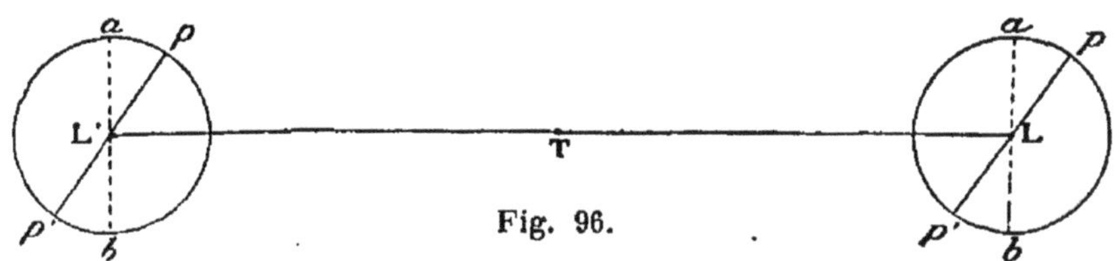

Fig. 96.

239. **Libration en latitude.** — L'axe *pp'* de rotation de la Lune fait avec le plan de son orbite un angle de 83°20′49″.

Quand la Lune est en L (fig. 96), on aperçoit de la Terre l'hémisphère *ap'b;* lorsqu'elle est en L′, on aperçoit la partie *ap* qui était cachée lorsque la Lune était en L; mais on ne voit plus la partie *p'b.*

Ce mouvement, dont l'amplitude est de $6^{\circ}\frac{1}{2}$, s'appelle la *libration en latitude.*

240. **Libration diurne.** — Abstraction faite des deux librations

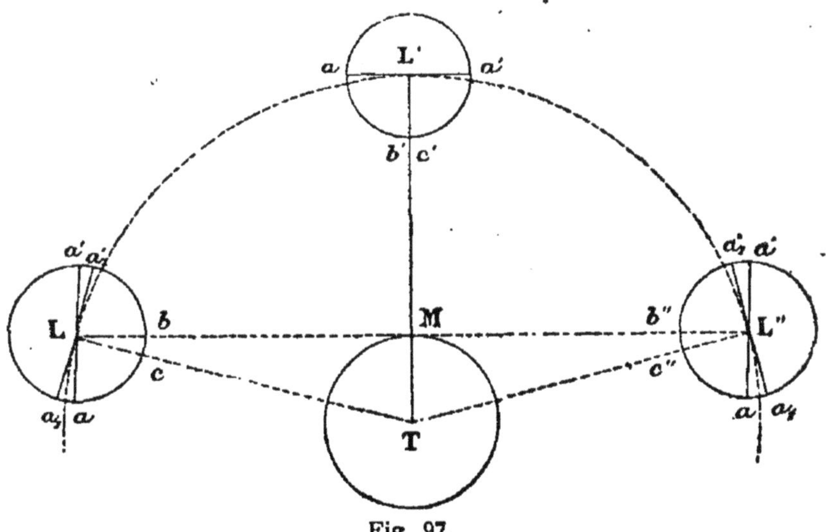

Fig. 97.

précédentes, un observateur placé au centre de la Terre verrait le rayon vecteur, mené du lieu qu'il occupe jusqu'au centre de la

Lune, percer cet astre toujours au même point. Mais il en est autrement pour un observateur placé en un point quelconque de la surface terrestre.

En effet, la Lune étant en L, si l'on considère deux droites TL, ML (fig. 97), menées, l'une du centre et l'autre de la surface de la Terre, au centre de la Lune, la ligne ML perce la surface de la Lune en un point b situé à l'occident du point c. Au passage au méridien, les deux droites ML et TL se confondent en TL′ et les deux points b et c se confondent en b' et c'. Lorsque la Lune est en L″, le point b'' est à l'orient du point c''.

La Lune semble donc animée d'un mouvement d'oscillation, d'occident en orient, c'est la *libration diurne* dont l'amplitude est d'environ un degré.

L'ensemble de ces librations nous permet d'apercevoir près des $\frac{4}{7}$ de la surface de la Lune.

§ III

Comput ecclésiastique. — Cycle de Méton. — Nombre d'or. — Différence entre la nouvelle Lune ecclésiastique et la nouvelle Lune astronomique. — Épacte. — Date de la nouvelle Lune. — Date de la fête de Pâques. — Fêtes mobiles.

241. **Comput ecclésiastique.** — Outre les indications qui ont fait l'objet des numéros 149 et suivants, le calendrier contient ordinairement le *comput*[1] *ecclésiastique*, dont les principaux éléments sont les *lettres dominicales* (n° 160), le *nombre d'or* et l'*épacte*.

242. **Cycle lunaire ou de Méton.** — Une période de 19 années renferme à peu près 235 lunaisons (n° 227); l'erreur n'est que d'un jour en 209 ans. En regardant cette période comme exacte, les phases de la Lune se présentent aux mêmes dates tous les 19 ans; de sorte qu'il suffit de connaître les nouvelles Lunes pendant 19 années consécutives pour établir un calendrier perpétuel.

243. **Nombre d'or.** — Le *nombre d'or* d'une année est le rang de cette année dans le cycle lunaire; il varie de 1 à 19.

A Athènes, la date du cycle lunaire était gravée en lettres d'or sur un monument public; c'est pourquoi on l'appelle vulgairement le *nombre d'or*.

Les cycles lunaires se comptent à partir du 1er janvier de l'année qui précéda notre ère. Ainsi, pour trouver le nombre d'or d'une année quelconque, on ajoute 1 au millésime et l'on divise ensuite par 19; le

---

[1] Du latin *computum*, compte, calcul.

quotient fait connaître le nombre de cycles écoulés depuis l'origine, et le reste, s'il y en a un, est le nombre d'or de l'année en question.

L'année 1886 est la 6e du 100e cycle.

244. **Différence entre la nouvelle Lune ecclésiastique et la nouvelle Lune astronomique.** — La nouvelle *Lune astronomique* commence à une conjonction. La nouvelle *Lune ecclésiastique* commence quand la Lune devient visible, environ deux jours après la conjonction.

De la nouvelle Lune ecclésiastique à la pleine Lune, il n'y a que 13 jours.

Dans la suite de ce paragraphe, il ne sera question que de la nouvelle Lune ecclésiastique.

245. **Épacte.** — L'*épacte*[1] d'une année est l'âge de la Lune au 1er janvier de cette année.

La durée d'une lunaison est de 29 j. 53059. En la supposant seulement de 29 j. 50, la durée de 12 lunaisons consécutives sera de $29{,}5 \times 12$, soit 354 jours. Donc, si la nouvelle Lune arrive au 1er janvier d'une année, la 13e lunaison commencera le 355e jour de cette même année, de sorte qu'au 1er janvier suivant la Lune sera déjà à son 11e jour. Ce nombre 11 est l'épacte de la seconde année. L'épacte de la troisième sera $11 + 11$ ou 22; celle de la quatrième $22 + 11 = 33$ ou plutôt 3.

L'épacte d'une année se trouve de la manière suivante. On représente par * celle de la première année, et par 11 celle de la deuxième; ensuite chaque épacte est égale à la précédente augmentée de 11, ayant soin de diminuer de 30 le total, toutes les fois qu'il y a lieu.

TABLEAU DES ÉPACTES D'UN CYCLE

NOMBRE D'OR	ÉPACTE	NOMBRE D'OR	ÉPACTE	NOMBRE D'OR	ÉPACTE	NOMBRE D'OR	ÉPACTE
1	*	6	XXV	11	XX	16	XV
2	XI	7	VI	12	I	17	XXVI
3	XXII	8	XVII	13	XII	18	VII
4	III	9	XXVIII	14	XXIII	19	XVIII
5	XIV	10	IX	15	IV		

246. **Erreur et correction des épactes.** — Dans ce qui précède, il a été commis des erreurs. D'une part, la lunaison n'est pas exactement égale à 29 jours et demi; d'autre part, l'année a plus de 365 jours; mais ces deux erreurs se compensent à peu près. Pour achever la compensation, on diminue d'une unité l'épacte des années séculaires non bissextiles, à l'exception de celles comprises dans la série 1800, 2100, 2400, 2700... Le tableau précédent devra donc être modifié en 1900.

[1] D'un mot grec signifiant *intercalé*.

247. **Date de la nouvelle Lune.** — La première Lune de chaque année arrive en janvier, le jour dont la date est égale à ce qu'il faut ajouter à l'épacte pour faire 31. Ainsi, pour 1886, le nombre d'or étant 6, l'épacte est XXV ; la première nouvelle Lune de cette année arrive le 6 janvier. Pour trouver la date des autres nouvelles Lunes de l'année, il suffit d'ajouter alternativement 30 et 29 à la date précédente.

248. **Date de la fête de Pâques.** — Suivant la tradition, Notre-Seigneur Jésus-Christ est ressuscité le dimanche après l'équinoxe du printemps et après une pleine Lune. C'est ce qui détermina le concile de Nicée, en 325, à placer la fête de Pâques au dimanche qui suit la première pleine Lune arrivant après le 20 mars.

La nouvelle Lune de Pâques ne peut donc arriver avant le 8 mars (ou le 21 moins 13) (no 244). De là, il résulte que la fête de Pâques ne peut jamais arriver avant le 22 mars (ou le 8 mars plus 14). Lorsque la pleine Lune arrive le 20 mars, on prend pour Lune de Pâques la Lune suivante, dont le 14e jour est le 18 avril. Si ce jour est un dimanche, Pâques sera le dimanche suivant, 25 avril. C'est l'autre date extrême.

Soit maintenant à trouver la date de la fête de Pâques pour l'année 1886. Le nombre d'or est 6 et l'épacte XXV. Les nouvelles Lunes ecclésiastiques arrivent donc successivement le 6 janvier, le 5 février, le 6 mars, le 5 avril... (no 247) ; ajoutant 13 à cette dernière date, on trouve que la première pleine Lune, postérieure au 20 mars, arrive le 18 avril. Les lettres dominicales (no 160) nous montrent que ce jour est un dimanche; c'est le dimanche suivant, 25 avril, que se célèbre la fête de Pâques.

249. **Fêtes mobiles.** — Les fêtes mobiles sont celles qui n'arrivent pas toujours à la même date.

Parmi les fêtes mobiles, la plus importante est la fête de Pâques, dont la date sert à déterminer celle de toutes les autres.

La *Septuagésime* se célèbre le 9e dimanche avant Pâques.
L'*Ascension* — — 40e jour après Pâques.
La *Pentecôte* — — 7e dimanche —
La *Trinité* — — 8e — —

RÉSUMÉ

Le diamètre apparent de la Lune varie entre 33′33″ et 29′26″ ; il est en moyenne de 31′29″.

La Lune décrit d'occident en orient à peu près un grand cercle de la sphère céleste avec une vitesse d'environ 13° par jour.

L'orbite lunaire est inclinée sur l'écliptique d'environ 5°9′.

La *ligne des nœuds* est l'intersection du plan de l'orbite de la Lune avec celui de l'écliptique.

Les nœuds se déplacent d'orient en occident; ils font une révolution entière en 18 ans $\frac{3}{5}$ environ.

La *révolution sidérale de la Lune* est le temps que met cet astre à revenir au méridien d'une même étoile; sa durée est de 27 j. 7 h. 43 m.

La *révolution tropique de la Lune* est le temps qui sépare deux de ses passages consécutifs à une même longitude céleste; elle égale 27 j. 7 h. 43 m.

La *révolution synodique* est le temps qu'emploie la Lune pour revenir au même méridien que le Soleil; c'est la durée d'une lunaison. Elle est de 29 j. 12 h. 44 m.

Les variations du diamètre apparent de la Lune prouvent qu'elle décrit une ellipse dont la Terre occupe l'un des foyers.

La Lune et le Soleil sont en *conjonction* lorsque les deux astres ont même longitude.

La Lune est en *opposition* avec le Soleil lorsque les longitudes diffèrent de 180°.

La Lune se trouve en *quadrature* avec le Soleil lorsque les deux longitudes diffèrent de 90°.

A certaines époques, la Lune est invisible pendant quelques jours; on est alors à la *nouvelle Lune;* environ 7 jours après, on est au *premier quartier;* au quinzième jour, on est à la *pleine Lune.*

On appelle *syzygies,* la nouvelle et la pleine Lune; *quadratures,* le premier et le dernier quartier; *octants,* les positions équidistantes des syzygies et des quadratures.

La *lumière cendrée* est cette faible clarté qui nous permet d'apercevoir le disque lunaire, un peu avant et un peu après la nouvelle Lune; elle est due à la lumière réfléchie par la Terre, qui alors tourne vers la Lune son hémisphère éclairé.

On remarque à la surface du disque de la Lune des taches dont la permanence indique que cet astre présente toujours la même face vers la Terre et, par suite, que son mouvement de rotation s'effectue pendant le même temps que son mouvement de translation.

L'axe autour duquel s'effectue le mouvement de rotation de la Lune, fait un angle de 83° 20′49″ avec le plan de l'orbite de la Lune.

On appelle *libration* un balancement apparent que l'on remarque dans la Lune.

On distingue :

1° *La libration en longitude;*

2° *La libration en latitude;*

3° *La libration diurne.*

On appelle *cycle lunaire* ou de *Méton* une période de 19 années après laquelle les nouvelles Lunes reviennent aux mêmes époques.

Le *nombre d'or* d'une année est le rang de cette année dans le cycle lunaire; il varie de 1 à 19.

L'*épacte* est l'âge de la Lune au 1er janvier de l'année.

Le nombre d'or et l'épacte servent à déterminer la fête de Pâques.

La fête de Pâques se célèbre le dimanche qui suit la première pleine Lune après le 20 mars. Ses dates extrêmes sont le 22 mars et le 25 avril.

CHAPITRE II

ÉLÉMENTS ET CONSTITUTION DE LA LUNE

---

§ I

Parallaxe de la Lune. — Relation entre la parallaxe de hauteur et la parallaxe horizontale. — Mesure de la parallaxe de la Lune. — Variations de la parallaxe. — Distance de la Lune à la Terre. — Rayon, volume, masse et densité de la Lune. — Pourquoi la Lune paraît plus grosse à l'horizon qu'à son passage au méridien.

250. **Parallaxe de la Lune.** — On sait (nº 185) que la parallaxe de la Lune est l'angle sous lequel le rayon terrestre serait vu du centre de la Lune.

251. **Relation entre la parallaxe de hauteur et la parallaxe horizontale.** — Cherchons à exprimer la relation entre la parallaxe de hauteur BA'T et la parallaxe horizontale BAT.

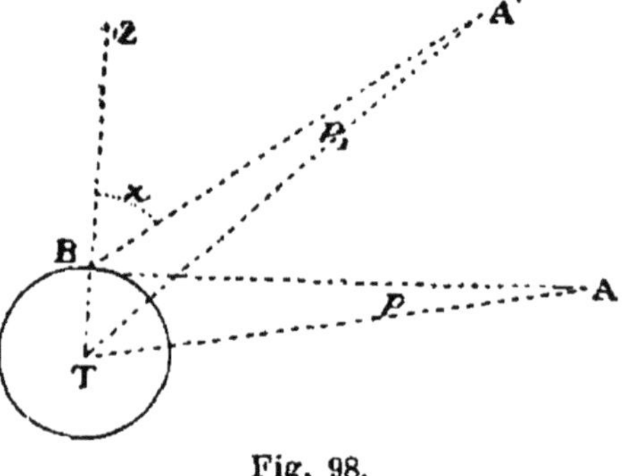

Fig. 98.

Désignons par d la distance AT (fig. 98) d'un astre, par r le rayon BT de la Terre, par z la distance zénithale ZBA', par p la parallaxe horizontale et par p_1 la parallaxe de hauteur.

Le triangle A'TB donne :

$$\frac{r}{d} = \frac{\sin p_1}{\sin z},$$

mais p_1 étant très petit, on peut écrire :

$$\frac{r}{d} = \frac{p_1}{\sin z},$$

d'où

$$p_1 = \frac{r}{d} \sin z \quad (1);$$

d'où il suit que la parallaxe augmente avec sin z; elle est nulle quand $z=0$; elle est maximum quand $z=90^\circ$. C'est alors la parallaxe horizontale p; sin $z=1$ et l'on a :

$$p=\frac{r}{d} \quad (2).$$

Les égalités (1) et (2) donnent l'équation :

$$p_1=p \sin z,$$

qui permet de trouver la parallaxe de hauteur connaissant la parallaxe horizontale, et réciproquement.

252. **Mesure de la parallaxe de la Lune.** — Deux observateurs placés, l'un en A (fig. 99), et l'autre en B, sur un même méri-

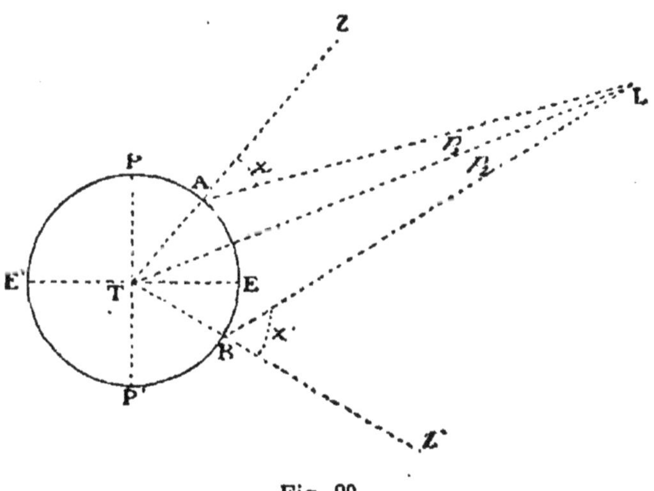

Fig. 99.

dien, mesurent en même temps les distances zénithales z et z' de la Lune L, au moment de son passage au méridien.

Dans le quadrilatère ATBL, on connaît les rayons terrestres $TA=TB=r$; l'angle ATB, qui est égal à la somme algébrique des latitudes $ATE+BTE=l+l'$, et les angles TAL, TBL, respectivement égaux à $180^\circ-z$, et $180^\circ-z'$.

On a : $l+l'+180^\circ-z+180^\circ-z'+p_1+p_2=360^\circ$;

d'où $$p_1+p_2=z+z'-(l+l').$$

Mais, d'après le n° 251, on a :

$$p_1=p \sin z, \text{ et } p_2=p \sin z'.$$

L'équation devient :

$$p \sin z + p \sin z', \text{ ou } p(\sin z + \sin z') = z + z' - (l + l');$$

d'où $$p = \frac{z+z'-(l+l')}{\sin z + \sin z'} = \frac{z+z'-(l+l')}{2 \sin \frac{1}{2}(z+z') \cos \frac{1}{2}(z-z')}.$$

Cette méthode a été employée en 1756 par La Caille [1] et Lalande [2]. Le premier observait au cap de Bonne-Espérance et le second à Berlin.

Les observations directes ont dû subir quelques corrections, parce que les observateurs n'opéraient pas sur un même méridien et que tous les rayons de la Terre ne sont pas égaux.

253. **Variations de la parallaxe.** — En un même lieu, la parallaxe varie avec la distance de la Lune, et pour divers lieux elle varie avec le rayon terrestre; elle est maximum à l'équateur et minimum aux pôles. Pour Paris, la parallaxe moyenne de la Lune est 56′53″; la parallaxe maximum est 61′27″ et la parallaxe minimum 53′53″.

On adopte généralement la valeur 57′40″, qui se rapporte à l'équateur.

254. **Distance de la Lune à la Terre.** — En désignant par r le rayon de la Terre, et opérant comme pour le Soleil (n° 190) on trouve que la distance moyenne de la Lune à la Terre est d'environ 60,273 rayons terrestres, ou 384 436 kilomètres environ.

Cette distance varie entre 57 et 64 rayons terrestres.

255. **Rayon, volume, masse et densité de la Lune.** — En opérant comme pour le Soleil (n° 191), on trouve que le rayon de la Lune égale $0{,}273\,r$ ou $\frac{3}{11}r$, soit à peu près 1 741 kilomètres.

Le volume de la Lune vaut environ $\frac{1}{49}$ de celui de la Terre; sa masse en est le $\frac{1}{77}$ et sa densité les $\frac{3}{5}$.

Le rayon du Soleil étant égal à 109 rayons terrestres, si l'on

---

[1] La Caille, astronome, né à Rumigny, près de Reims, en 1713, mort à Paris en 1762. On a de lui *les Fondements de l'astronomie, des tables solaires*, etc.

[2] Lalande, astronome, né à Bourg en 1732, mort à Paris en 1807. Ses principaux ouvrages sont : *Exposition du calcul astronomique; Abrégé d'astronomie; Réflexions sur les comètes qui peuvent approcher de la Terre*, etc.

supposait le centre du Soleil au centre de la Terre, non seulement le Soleil remplirait l'espace compris entre la Terre et la Lune, mais il irait encore presque autant au delà.

256. **Pourquoi la Lune paraît plus grosse à l'horizon qu'à son passage au méridien.** — La Lune est plus rapprochée de nous à son passage au méridien qu'à l'horizon ; en effet, soit A (fig. 100), un point de la

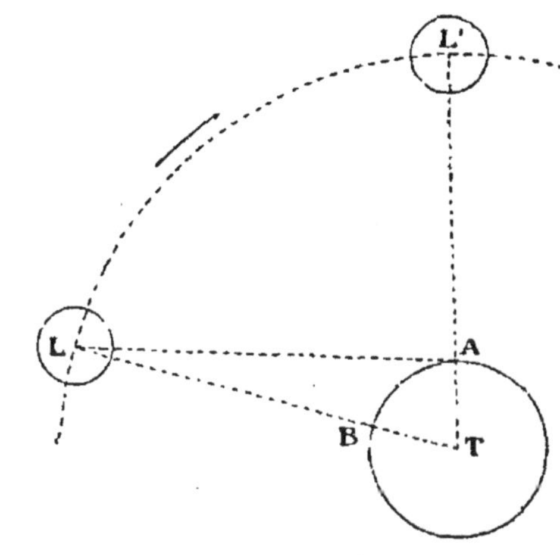

Fig. 100.

sur face terrestre, L et L' la Lune à l'horizon et au méridien du lieu. On a

$$LA > LT - AT \text{ ou } L'A\,;$$

cet astre étant plus rapproché de nous quand il est au méridien, il a alors un plus grand diamètre apparent comme le constatent d'ailleurs les mesures directes.

Cependant la Lune paraît plus grosse à l'horizon qu'à son passage au méridien. Cela tient à ce que, lorsqu'elle est à l'horizon, nous la croyons plus éloignée à cause de l'imparfaite transparence de l'air qui en affaiblit l'éclat. Les points de comparaison que nous n'avons que dans le sens horizontal contribuent encore à nous la faire croire plus éloignée.

Ce sont ces mêmes causes qui nous font voir la voûte du ciel surbaissée et les constellations plus étendues à l'horizon que vers le zénith.

§ II

Montagnes de la Lune. — Forme, hauteur des montagnes de la Lune. — Plaines ou mers lunaires. — Absence d'air et d'eau à la surface de la Lune. — Absence de lumière diffuse à la surface de la Lune.

257. **Montagnes de la Lune.** — La Lune nous apparaît, à l'œil

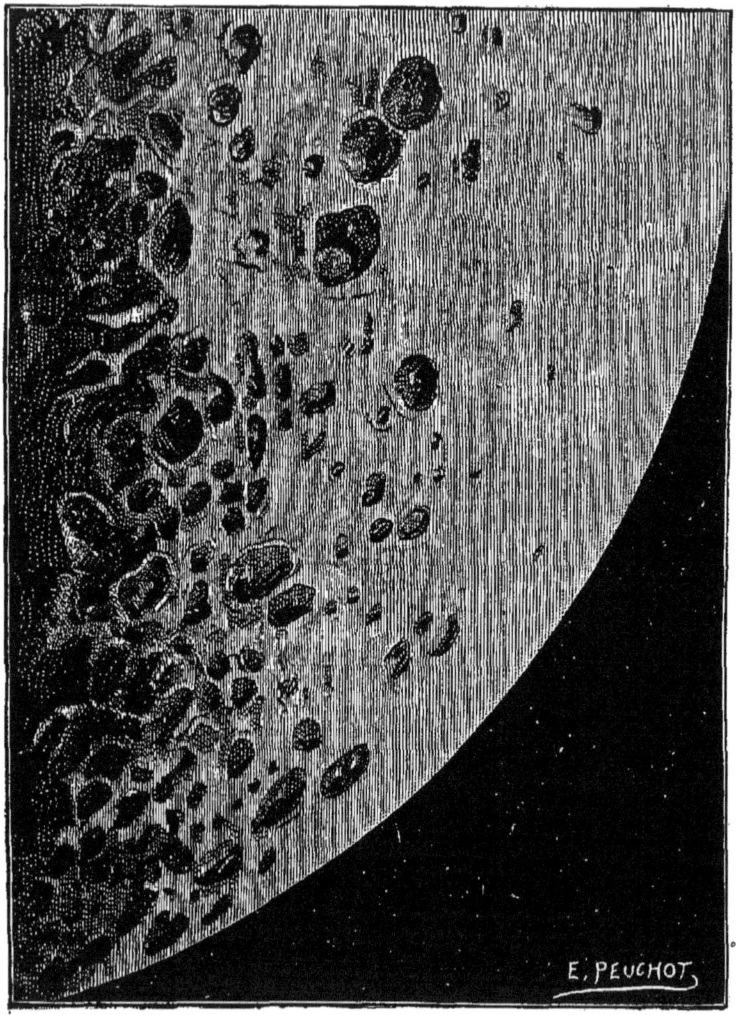

Fig. 101.

nu, sous la forme d'un disque plat; mais, vue avec une lunette, elle se montre sensiblement comme une sphère, à la surface de laquelle on remarque de fortes aspérités (fig. 101), surtout aux environs du cercle d'illumination où les rayons du Soleil arrivent obliquement. Dans ces régions, les montagnes projettent de grandes ombres; on voit des sommets éclairés qui émergent des plaines encore obscures.

258. **Forme des montagnes de la Lune.** — Les montagnes de la Lune ont la forme de bourrelets circulaires; à une certaine hauteur, le niveau du sol s'abaisse et forme comme des cirques très profonds et d'une grande étendue dont la paroi intérieure est presque verticale. Le fond de ces cirques est généralement plat;

Fig. 102.

la surface du fond est au-dessous du niveau de la plaine extérieure. Au milieu de plusieurs de ces cirques, on distingue un monticule isolé et escarpé. Le tout forme un ensemble représenté par la figure 102.

Les montagnes de la Lune ne sont pas disposées par chaînes, comme celles de la Terre; elles ressemblent assez aux cratères de nos volcans; cependant on leur attribue une origine différente. Elles ont beaucoup d'analogie avec nos cirques de soulèvement; mais les cirques lunaires ont une étendue beaucoup plus grande. *Shickard* a 256 kilom. de diamètre, *Clavius*, 228. Sur la Terre, le cirque de *Ceylan* n'a pas plus de 70 kilomètres de diamètre, celui de l'*Etna*, 15 et celui du *Cantal*, 10.

259. **Hauteur des montagnes de la Lune.** — On peut mesurer la hauteur des montagnes de la Lune, soit par leur ombre portée, soit par la distance de leur sommet éclairé au cercle d'illumination.

Ces montagnes sont relativement plus élevées que celles de la Terre; ainsi, la plus haute, *Dorfel*, a 7600 mètres environ, soit $\frac{1}{235}$ du rayon lunaire, tandis que le mont *Gaurisankar*, de l'*Himalaya*, le plus haut de notre globe, s'élève à 8840 mètres, soit environ à $\frac{1}{720}$ seulement du rayon de la Terre.

260. **Plaines ou mers lunaires.** — Certaines parties de la Lune ne renferment pas de montagnes et réfléchissent moins bien la lumière que les autres; ce sont de grandes plaines qu'on a improprement appelées *mers*.

261. **Absence d'air à la surface de la Lune.** — Si la Lune était entourée d'une atmosphère on observerait les phénomènes suivants :

1° Son disque nous serait probablement caché quelquefois par les nuages.

2° La partie obscure, au lieu d'être séparée de la partie éclairée par une ligne nette, présenterait une transition sensiblement graduée par l'effet du crépuscule (nº 175).

3° Une étoile ne disparaîtrait pas brusquement au moment de l'*occultation*, c'est-à-dire à son passage derrière le disque de la Lune; mais sa lumière s'affaiblirait graduellement. Sa réapparition s'effectuerait d'une manière analogue.

4° La réfraction diminuerait la durée de l'occultation des étoiles, ce qui n'a pas lieu puisque la durée observée est égale à la durée calculée.

On peut affirmer que si la Lune a une atmosphère, cette atmosphère est plus raréfiée que l'air qui reste dans le récipient d'une machine pneumatique après qu'on a obtenu le vide aussi complet que possible.

262. **Absence d'eau à la surface de la Lune.** — L'absence d'eau à la surface de la Lune est une conséquence de l'absence d'atmosphère; car, s'il y avait de l'eau sur la Lune, ce liquide, ne supportant aucune pression, se réduirait en vapeur et formerait une atmosphère.

263. **Absence de lumière diffuse à la surface de la Lune.** — A cause de l'absence d'atmosphère, il n'y a pas de lumière diffuse à la surface de la Lune. L'obscurité la plus complète règne dans toutes les parties qui ne sont pas éclairées directement; la transition du jour à la nuit et du chaud au froid se fait très rapidement. Le ciel doit paraître tout noir; et, pendant le jour, on verrait les étoiles, même celles qui sont à une petite distance angulaire du Soleil.

RÉSUMÉ

La *parallaxe de la Lune* est l'angle sous lequel le rayon terrestre serait vu du centre de la Lune; elle varie avec la distance de la Lune et avec les différents lieux de la Terre.

A Paris, elle est en moyenne de 56′53″.

La distance moyenne de la Lune est de 60 rayons terrestres ou environ 384 436 kilom.; son rayon égale les $\frac{3}{11}$ de celui de la Terre, et son volume $\frac{1}{50}$ environ.

La Lune a des montagnes relativement plus élevées que celles de la Terre. Ces montagnes forment des cirques très étendus.

La Lune n'a pas d'atmosphère. Si elle en avait une, la partie obscure ne serait pas brusquement séparée de la partie éclairée, le crépuscule adoucirait sensiblement cette transition; des nuages nous rendraient quelquefois la surface de cet astre invisible; enfin, par l'effet de la réfraction, la durée de l'occultation des étoiles serait moindre que celle que l'on observe et qui est celle que donne le calcul.

Il n'existe pas d'eau à la surface de la Lune. S'il y en avait, cette eau, ne supportant pas de pression extérieure, s'évaporerait et formerait une atmosphère.

L'absence d'atmosphère fait qu'il n'y a pas de lumière diffuse et que le passage de la nuit au jour, du froid au chaud s'opère sans transition. Les étoiles se verraient en plein jour.

CHAPITRE III

DES ÉCLIPSES

§ I

Éclipses. — Éclipses de Lune. — Possibilité des éclipses totales de Lune. — Longueur du cône d'ombre. — Largeur du cône d'ombre. — Conditions pour qu'une éclipse de Lune ait lieu. — Effet de la réfraction atmosphérique. — Description d'une éclipse de Lune.

264. **Éclipses.** — On appelle éclipse[1] la disparition momentanée, totale ou partielle d'un astre.

265. **Éclipses de Lune.** — La Terre, interceptant les rayons lumineux qui rencontrent sa surface, projette dans l'espace un im-

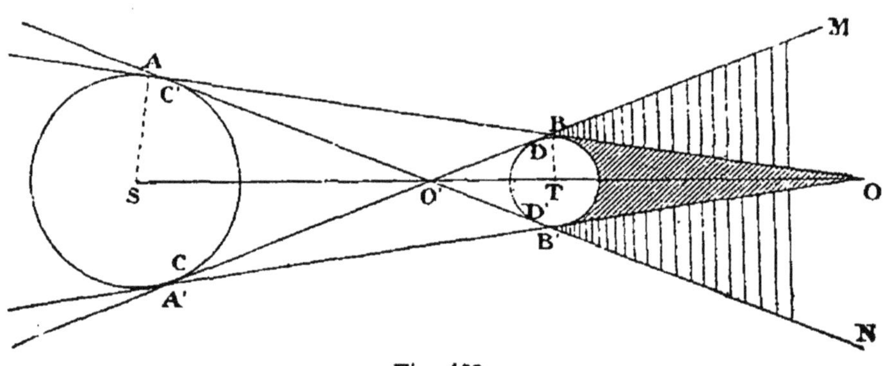

Fig. 103.

mense cône d'ombre, engendré par la révolution d'une tangente commune AB, au Soleil S et à la Terre T (fig. 103).

Si l'on considère le cône engendré par une tangente intérieure CD ou C'D', on voit que l'espace MBOB'N ne reçoit qu'une partie des rayons solaires; c'est la *pénombre*.

---

[1] Du latin *eclipsis*, défaillance.

Il y a éclipse lorsque la Lune pénètre totalement ou en partie dans le cône d'ombre.

L'éclipse est *totale* lorsque la Lune pénètre totalement dans le cône d'ombre.

L'éclipse est *partielle* lorsque la Lune ne pénètre qu'en partie dans le cône d'ombre.

266. **Possibilité des éclipses totales de Lune.** — Pour qu'une éclipse totale de Lune puisse avoir lieu il faut : 1° que la longueur du cône d'ombre de la Terre soit plus grande que la distance de la Lune à la Terre; 2° que le cône soit assez large pour contenir la Lune tout entière.

267. **Longueur du cône d'ombre.** — En désignant AS, BT, ST, TO par R, r, D et h, les deux triangles semblables OAS, OBT (fig. 104) donnent

$$\frac{R}{r}=\frac{D+h}{h};$$

ou

$$\frac{R-r}{r}=\frac{D}{h};$$

d'où

$$h=D\times\frac{r}{R-r}.$$

En remplaçant R et D par leurs valeurs (nos 190 et 191), on trouve que h a une longueur d'environ 216 r; or la distance de la Terre à la Lune n'est que de 60 rayons terrestres.

268. **Largeur du cône d'ombre.** — Si l'on suppose un plan passant par les centres du Soleil et de la Terre, perpendiculairement à l'écliptique qu'il rencontre suivant ST, le cône d'ombre sera coupé par ce plan suivant BOB'. Soit lT le rayon de l'orbite lunaire, et r' le rayon de la Lune. La valeur maximum de Tl est 64r, et celle de OB, sensiblement égale à OT, est 216 r.

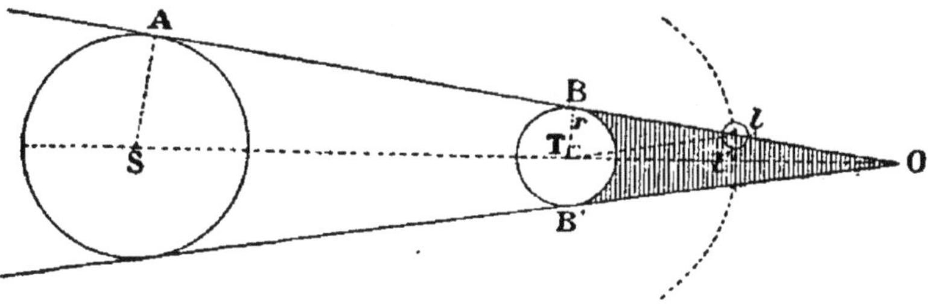

Fig. 104.

Les triangles semblables OBT, Oll' donnent :

$$\frac{ll'}{BT}=\frac{Ol}{OT},$$

ou bien
$$\frac{x}{r}=\frac{216r-64r}{216r};$$

d'où
$$x=\frac{152}{216}r \qquad (1);$$

mais
$$r'=\frac{3}{11}r \qquad (n^o\ 255);$$

d'où
$$r=\frac{11}{3}r';$$

Remplaçant dans (1) :

$$x=\frac{152\times 11}{216\times 3}r'=2{,}6\,r' \text{ environ.}$$

La Lune peut donc être totalement éclipsée.

269. **Conditions pour qu'une éclipse de Lune ait lieu.** — Si le mouvement de la Lune s'effectuait dans le plan de l'écliptique, il y aurait une éclipse totale à chaque opposition; mais l'orbite lunaire faisant un angle de 5° 9' (n° 223) avec ce plan, il arrive ordinairement que la latitude de la Lune est assez grande pour que l'astre ne passe pas dans le cône d'ombre au moment d'une opposition.

Si L (fig. 105) représente la Lune au moment où elle passe

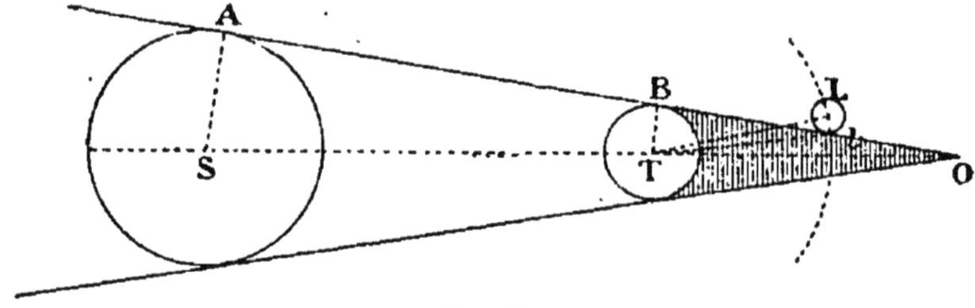

Fig. 105.

dans le plan BOS, pour qu'il y ait éclipse, il faut que sa latitude ne soit pas supérieure à $lTL+OTl$.

Le premier de ces angles est le demi-diamètre apparent de la Lune; pour trouver le second on a :

$$TlB=OTl+lOT;$$

d'où
$$OTl=TlB-lOT;$$

mais T*l*B est la parallaxe horizontale de la Lune, et *l*OT est donné par le triangle rectangle BOT dont on connaît BT et OT; on trouve ainsi que OT*l* est compris entre 1° 2′ 36″,5 et 52′ 25″.

Si donc, au moment de l'opposition, la latitude de la Lune est supérieure à 1° 2′ 36″,5, l'éclipse est impossible. Elle sera certaine, si la latitude est inférieure à 52′25″. Entre ces deux limites, elle est incertaine.

270. **Effet de la réfraction atmosphérique.** — Les éclipses de Lune auraient lieu comme il vient d'être dit, si la Terre n'était pas entourée d'une atmosphère; mais, par l'effet de la réfraction

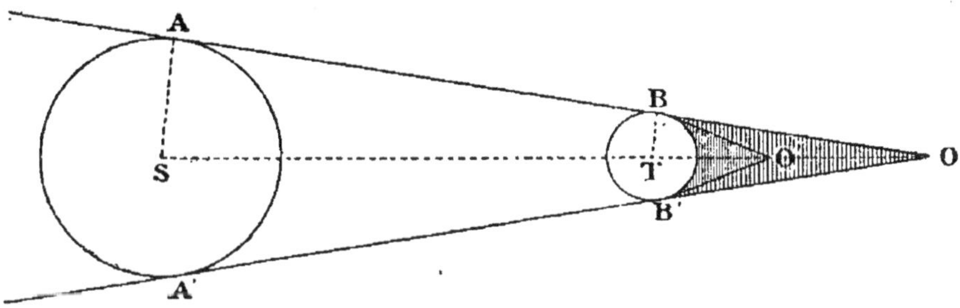

Fig. 106.

atmosphérique, les rayons sont déviés et le sommet O du cône vient en O′ (fig. 106).

La longueur de TO′ est en moyenne de 42 rayons terrestres; la Lune, qui est à une distance de 60 rayons, ne peut donc pénétrer dans la partie complètement obscure BO′B′; aussi, même au moment d'une éclipse totale, cet astre n'est-il pas complètement invisible.

271. **Description d'une éclipse de Lune.** — Lorsque la Lune entre dans la pénombre, son éclat diminue peu à peu; mais son disque reste encore entièrement visible. Si elle pénètre dans le cône d'ombre, son disque s'échancre du côté de l'est. Si elle y pénètre entièrement, elle ne devient pas ordinairement tout à fait invisible; elle conserve une lueur rougeâtre. Puis le bord oriental reparaît et la Lune reprend son éclat primitif par degrés insensibles.

Le moment de l'immersion est difficile à observer d'une manière précise; il en est de même de l'émersion.

La Lune ne peut être totalement éclipsée pendant plus de deux heures; mais la durée totale de toutes les phases de l'éclipse peut être de quatre heures environ.

Il arrive quelquefois qu'on voit la Lune éclipsée à l'horizon avant que le Soleil soit couché; ce phénomène est dû à la réfraction atmosphérique, qui nous fait apercevoir les astres quelques instants avant leur lever, et quelques instants aussi après leur coucher.

§ II

Éclipses de Soleil. — Possibilité des éclipses totales de Soleil. — Éclipses annulaires. — Condition pour qu'une éclipse de Soleil ait lieu. — Description d'une éclipse de Soleil. — Fréquence des éclipses. — Retour des éclipses. — Période de Saros. — Utilité des éclipses dans la chronologie.

272. **Éclipses de Soleil.** — Il peut arriver que la Lune, passant entre la Terre et le Soleil, nous cache cet astre en tout ou en partie; il y a alors éclipse de Soleil.

L'éclipse est *totale* si le Soleil est entièrement caché par la Lune.

L'éclipse est *partielle* si le Soleil n'est caché qu'en partie par la Lune.

Parmi les éclipses partielles, on distingue les éclipses *annulaires*, dans lesquelles le disque du Soleil déborde la Lune sous la forme d'un anneau lumineux.

273. **Possibilité des éclipses totales de Soleil.** — La lune L (fig. 107) projette un cône d'ombre dans l'espace.

Si l'on désigne par R, r, D et h les longueurs SA, LB, SL, LO, on trouve de la même manière qu'au n° 267 que h est compris entre 59,5 r et 37,5 r.

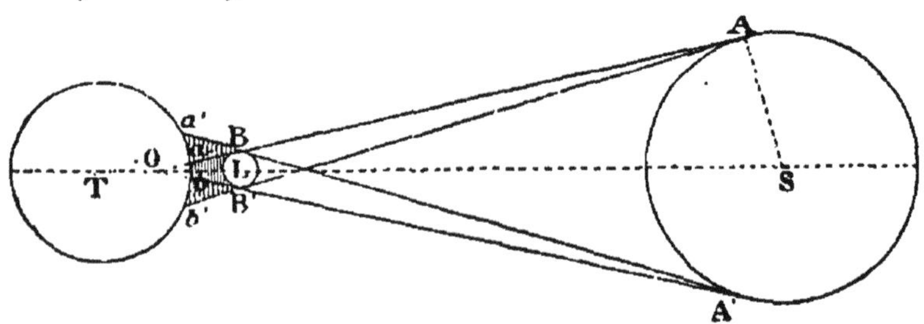

Fig. 107.

La distance de la Lune à la Terre variant entre 57 r et 64 r, le cône d'ombre peut rencontrer ou ne pas rencontrer la Terre.

Pour les régions atteintes par le cône d'ombre, l'éclipse de Soleil est totale.

Pous les régions rencontrées par la pénombre, il y a éclipse partielle.

Si la Terre ne passe que dans la pénombre de la Lune, l'éclipse n'est totale nulle part; elle est seulement partielle pour la partie de la surface terrestre qui entre dans la pénombre.

274. **Éclipses annulaires.** — Il peut arriver que la Terre soit rencontrée, non par le cône d'ombre, mais par son prolongement, comme cela a lieu en *ab* (fig. 108); dans ce cas, le disque de la

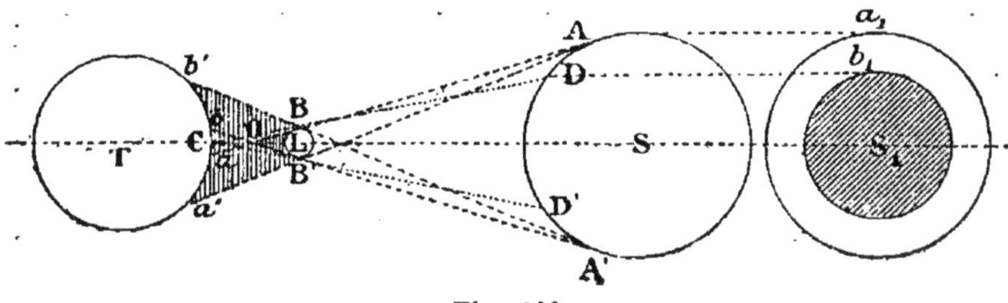

Fig. 108.

Lune ne cache pas entièrement celui du Soleil, et il y a éclipse annulaire pour *ab*. La partie DD' seule est éclipsée. Tout autour de DD', on voit briller le bord du disque du Soleil a_1b_1 sous forme d'un anneau toujours très délié.

Une éclipse annulaire est centrale pour les points C de la Terre qui sont successivement rencontrés par la droite SL; en dehors de ces positions, le disque de la Lune et l'anneau lumineux ne sont pas concentriques.

275. **Condition pour qu'une éclipse de Soleil ait lieu.** — Si le mouvement de la Lune s'effectuait dans le plan de l'écliptique, il y aurait une éclipse de Soleil à chaque conjonction; mais, comme le plan de l'orbite lunaire fait avec l'écliptique un angle de 5°9', la Lune peut passer en dehors du cône d'ombre.

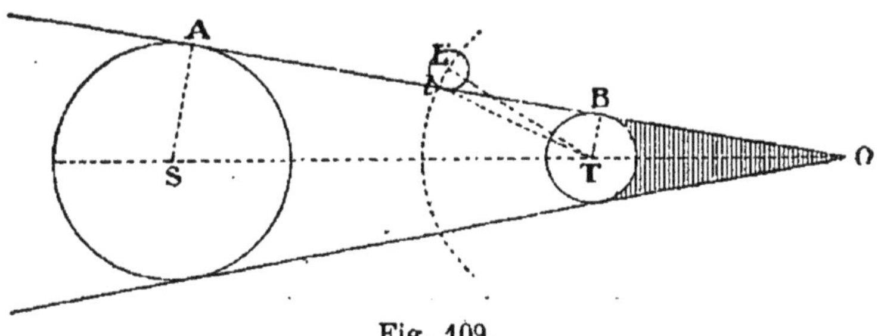

Fig. 109.

Pour qu'il y ait éclipse, il faut que sa latitude ne soit pas supérieure à STL (fig. 109), ou à $STl + lTL$. Or ce dernier angle est égal au demi-diamètre apparent de la Lune, et le premier $STl = TOB + TlB$. L'angle TOB est donné par le triangle rectangle OTB, et TlB est la parallaxe horizontale de la Lune.

On trouve ainsi que STL varie entre 1°34′ et 1°24′.

Une éclipse de Soleil est donc impossible lorsque, à la conjonction, la latitude de la Lune est plus grande que 1°34′.

Une éclipse de Soleil est certaine si, à la conjonction, la latitude de la Lune est inférieure à 1°24′.

L'éclipse est incertaine lorsque, au moment de la conjonction, la latitude de la Lune est comprise entre 1°24′ et 1°34′.

277. **Remarque.** — Les éclipses de Soleil arrivent au moment de la nouvelle Lune, et les éclipses de Lune au moment de la pleine Lune.

D'après la tradition, N.-S. J.-C. est ressuscité après une pleine Lune; sa mort n'a pu avoir lieu au moment de la nouvelle Lune. On voit par là que l'éclipse arrivée au moment où N.-S. J.-C. rendit le dernier soupir est miraculeuse.

277. **Description d'une éclipse de Soleil.** — Au commencement de l'éclipse, on voit le disque du Soleil s'échancrer vers l'Occident; l'échancrure augmente graduellement, arrive à son maximum, puis elle diminue peu à peu.

Si l'éclipse devient totale, il se produit des phénomènes remarquables; à mesure que l'astre se cache, le jour s'assombrit et la température s'abaisse jusqu'au moment où le disque, qui était sous forme de croissant, disparaît. La nuit ne devient pas complète, à cause de la lumière réfléchie par l'atmosphère, mais on peut apercevoir les étoiles. Les protubérances dépassent la partie éclipsée. La couronne (fig. 79) paraît comme une auréole qui s'étend jusqu'à 6 degrés au delà du Soleil.

Enfin, pour un même lieu, après une nuit de 7 à 8 minutes au plus ($7^m 58^s$ à l'équateur, $6^m 10^s$ à la latitude de Paris), il s'échappe tout à coup un rayon lumineux à l'occident de la Lune, le jour revient subitement et le Soleil reparaît peu à peu.

278. **Fréquence des éclipses.** — Les éclipses de Soleil sont plus fréquentes que celles de Lune. En effet, il y a éclipse de Soleil lorsque la Lune traverse en AB le cône MON (fig. 110), y a éclipse de Lune quand elle le traverse en CD; or la section en AB est plus grande que la section en CD.

Il y a trois éclipses de Soleil pour deux éclipses de Lune.

Cependant, en un même lieu, on voit plus d'éclipses de Lune que d'éclipses de Soleil parce qu'une éclipse de Lune est visible pour tous les points de la Terre qui ont la Lune au-dessus de l'horizon, tandis qu'une éclipse de Soleil n'est vue que des points rencontrés par le cône d'ombre ou de pénombre.

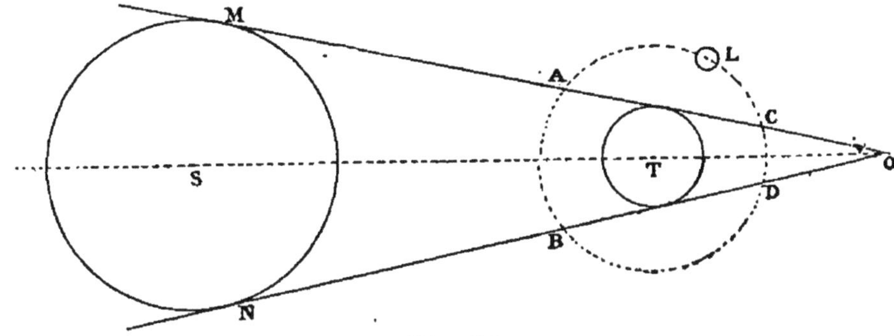

Fig. 110.

Dans une année, il peut y avoir 7 éclipses au plus, 2 au moins; dans ce dernier cas, ce sont des éclipses de Soleil.

Pendant notre siècle, Paris a 73 éclipses de Lune et 39 de Soleil.

Les éclipses totales de Soleil sont très rares en un même lieu.

279. **Retour des éclipses. — Période de Saros.** — Les anciens avaient reconnu que les éclipses, tant de Lune que de Soleil, se reproduisent dans le même ordre pour chaque période de 18 ans 11 jours ou 223 lunaisons; c'est la *période de Saros.*

Cette période comprend 70 éclipses, dont 41 de Soleil.

De nos jours, les mouvements des corps célestes sont connus avec une grande exactitude; aussi les éclipses sont-elles prédites avec une précision inconnue des anciens.

Parmi les principales éclipses totales de ce siècle, nous citerons celle de 1842, visible dans le midi de la France, et celle de 1868, visible en Asie, pendant laquelle on a découvert la nature des protubérances.

280. **Utilité des éclipses dans la chronologie.** — On peut aujourd'hui calculer l'époque des éclipses passées, et déterminer ainsi plusieurs dates au sujet desquelles les historiens n'étaient pas d'accord.

On rapporte, par exemple, qu'une éclipse totale de Soleil eut lieu pendant une bataille entre les Mèdes et les Lydiens. Les combattants, de part et d'autre, furent tellement effrayés qu'un accommodement arrêta immédiatement le combat. Les historiens étaient divisées sur la date de cet événement; ils variaient entre l'an 630 et l'an 583 avant Jésus-Christ. Or on a calculé que la seule éclipse totale de Soleil, visible en Asie Mineure pendant cet intervalle, a eu lieu en septembre, 610 ans avant notre ère. C'est donc à cette époque que la bataille s'est livrée.

RÉSUMÉ

On appelle *éclipse* la disparition momentanée, totale ou partielle, d'un astre.

Il y a *éclipse de Lune* lorsque la Lune pénètre dans le cône d'ombre de la Terre.

L'éclipse est *totale* lorsque la Lune pénètre totalement dans le cône d'ombre.

L'éclipse est *partielle* lorsque la Lune ne pénètre qu'en partie dans le cône d'ombre.

Si le mouvement de la Lune s'effectuait dans le plan de l'écliptique, il y aurait éclipse totale de Lune à chaque opposition.

Il y a éclipse de Soleil lorsque la Lune nous cache cet astre en tout ou en partie.

L'éclipse est *totale* lorsque le Soleil est entièrement caché par la Lune.

L'éclipse est *partielle* lorsque le Soleil n'est caché qu'en partie.

Les éclipses *annulaires* sont des éclipses partielles dans lesquelles le disque du Soleil déborde la Lune sous la forme d'un anneau lumineux.

Les éclipses de Soleil arrivent au moment de la conjonction ou nouvelle Lune, et les éclipses de Lune arrivent au moment de l'opposition ou pleine Lune.

Les éclipses de Soleil sont plus nombreuses que celles de Lune.

En un même lieu, on voit un plus grand nombre d'éclipses de Lune que de Soleil.

CHAPITRE IV

PHÉNOMÈNE DES MARÉES

Marées. — Flux et reflux. — Niveau moyen. — Causes des marées. — Action de la Lune. — Action du Soleil. — Causes qui tendent à modifier le phénomène des marées. — Établissement du port.

281. **Marées. — Flux. — Reflux.** — La *marée* est une élévation et un abaissement périodiques des eaux de la mer.

Pendant 6 h. $\frac{1}{4}$ environ, on voit les eaux s'élever de plus en plus, envahir les côtes et refouler l'eau des fleuves; ce mouvement d'ascension s'appelle *flux* ou *marée montante.* Lorsque la hauteur des eaux a atteint son maximum, elle reste stationnaire pendant 7 à 8 minutes; on dit alors qu'il y a *haute mer* ou *pleine mer.*

Les eaux commencent ensuite à baisser peu à peu, jusqu'à ce qu'elles aient atteint le niveau inférieur, appelé la *basse mer.* Ce dernier mouvement prend le nom de *reflux,* de *jusant* ou de *marée descendante.*

La mer recommence ensuite son mouvement d'ascension, et les mêmes phénomènes se répètent indéfiniment.

Le flux dure généralement un peu plus que le reflux; cette différence varie avec les ports; ainsi, à Brest elle n'est que de 16 minutes environ, tandis qu'au Havre elle est de 2 heures 8 minutes.

Les hautes mers consécutives n'arrivent pas à la même heure du jour; le temps qui les sépare est égal, en moyenne, à celui qui s'écoule entre deux passages consécutifs, l'un inférieur et l'autre supérieur, de la Lune au méridien, c'est-à-dire à 12 heures 25 minutes environ. Si, par exemple, une haute mer arrive à midi, la suivante arrivera à minuit 25 minutes, l'autre à midi 50 minutes, etc. Ainsi, dans le courant d'une lunaison, la haute mer arrive successivement à toutes les heures du jour et de la nuit.

282. Les hautes mers n'ont pas toujours la même valeur dans un même port; elles décroissent graduellement de la nouvelle

Lune au premier quartier, augmentent à partir de ce moment jusqu'à la pleine Lune, pour décroître de nouveau jusqu'au dernier quartier.

A Brest, la marée totale des syzygies est de 6 m. 30, et celle des quadratures de 3 m. 10.

C'est à Fundy, sur les côtes du Canada, que la marée s'élève le plus haut : elle atteint une hauteur de 20 à 21 mètres.

283. **Niveau moyen.** — Plus les eaux se sont élevées à la haute mer, plus elles descendent à la basse mer suivante. En prenant une moyenne entre une basse mer et une haute mer consécutives, on obtient un résultat à peu près constant pour tous les ports. C'est à ce *niveau moyen* qu'on rapporte les altitudes.

284. **Causes des marées. — Action de la Lune.** — Newton[1] a attribué le phénomène des marées à la gravitation universelle, et Laplace en a donné la théorie.

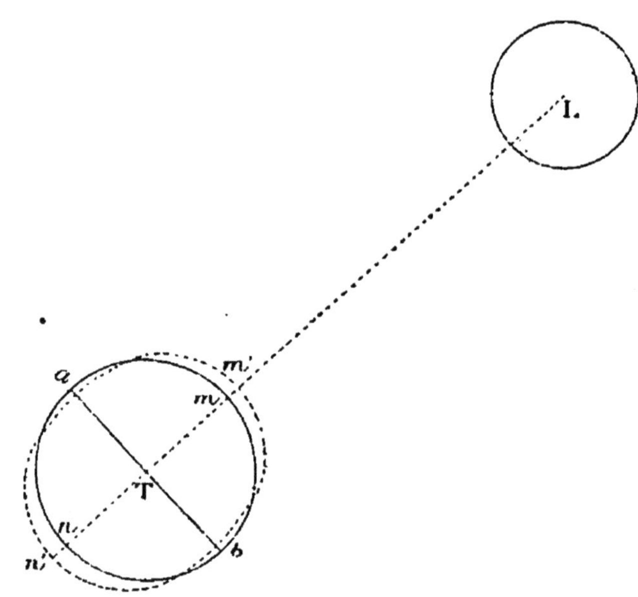

Fig. 111.

Soit T (fig. 111) le centre de la Terre supposée entièrement liquide; L, la Lune; *ab*, un diamètre perpendiculaire à LT, et *m* une molécule d'eau prise entre T et L. Cette molécule est plus fortement attirée que celles qui sont en T, en *a* ou en *b*; son poids étant diminué par cette attraction, elle tend à occuper la

---

[1] Né en 1642, dans le comté de Lincoln (Angleterre), mort en 1727. Mathématicien, physicien, astronome; l'un des plus grands génies qui aient paru.

position m'. Comme il en est de même pour tous les points de l'hémisphère tourné du côté de la Lune, il se forme de ce côté un renflement du sphéroïde terrestre.

Dans l'autre hémisphère, le point n est moins attiré que le point T; sa pesanteur est ainsi moins diminuée; il tendra donc à occuper la position n'; et, comme il en est de même des autres points jusqu'en ab, ce renflement du sphéroïde terrestre est symétrique du premier. Ces deux renflements suivent la Lune dans son mouvement autour de la Terre. Remarquons cependant que les marées n'arrivent pas au moment même du passage de la Lune au méridien; elles ont lieu environ 36 heures plus tard. Ce retard est dû aux frottements.

285. **Action du Soleil.** — Tout ce que nous venons de dire sur l'action de la Lune peut s'appliquer au Soleil; mais, à cause de la grande distance de cet astre, les effets qu'il produit sont à peu près moitié moins intenses que ceux de la Lune.

286. **Causes qui tendent à modifier le phénomène des marées.** — 1° *L'étendue des mers.* — Les actions de la Lune et du Soleil ne peuvent être sensibles qu'autant qu'elles s'exercent sur une très grande étendue d'eau; aussi le phénomène des marées ne se présente-t-il pas partout avec la même intensité. Très remarquable sur l'Océan, il est faible sur les grandes mers intérieures, comme la mer Méditerranée, et à peu près nul sur les petites, telles que la mer Baltique et la mer Caspienne.

2° *Positions respectives de la Lune et du Soleil.* — Les marées solaires ne sont pas distinctes des marées lunaires : elles s'ajoutent aux syzygies et elles tendent à se neutraliser aux quadratures. Ainsi, les plus fortes marées sont celles de la nouvelle et de la pleine Lune; tandis que les plus faibles sont celles du premier et du dernier quartier. Les marées les plus considérables arrivent aux équinoxes.

3° *Distance de la Lune et du Soleil à la Terre.* — La hauteur totale des marées varie avec la distance de la Lune et du Soleil à la Terre; cette cause de variation peut donner, à l'époque des syzygies, une différence des $\frac{3}{20}$ de la hauteur totale.

4° *Configuration des côtes, etc.* — Le phénomène des marées est encore modifié par la configuration et l'orientation des côtes, par la direction des vents, etc. C'est ainsi que dans la Manche les marées sont plus fortes que dans l'Océan parce que, au moment du flux, les eaux se trouvent gênées par le resserrement des côtes.

287. **Établissement du port.** — On appelle *établissement du port* le temps qui s'écoule entre le moment de la haute mer et le passage de la Lune au méridien. Ce retard varie suivant la configuration des côtes.

Il est très important aux marins de connaître l'établissement du port, car souvent ils ne peuvent entrer dans un port ou en sortir que pendant la haute mer.

HAUTEUR DES MARÉES AUX SYZYGIES, ET ÉTABLISSEMENT DU PORT POUR LES PRINCIPAUX PORTS FRANÇAIS

Noms des ports.	Hauteur moyenne des marées aux syzygies.	Établissement du port.	Noms des ports.	Hauteur moyenne des marées aux syzygies.	Établissement du port.
Dunkerque.	5 m. 36	11 h. 45 m.	Saint-Malo.	11 m. 36	6 h. 00 m.
Calais.	6 m. 24	11 h. 45 m.	Brest.	6 m. 42	3 h. 45 m.
Boulogne.	7 m. 92	10 h. 40 m.	Lorient.	4 m. 48	3 h. 30 m.
Dieppe.	8 m. 80	10 h. 30 m.	St.-Nazaire.	5 m. 36	3 h. 45 m.
Le Havre.	7 m. 14	9 h. 15 m.	La Rochelle.	5 m. 34	3 h. 18 m.
Cherbourg.	5 m. 64	7 h. 45 m.	Royan.	4 m. 70	4 h. 1 m.
Granville.	12 m. 30	6 h. 30 m.	Bayonne.	2 m. 80	3 h. 30 m.

RÉSUMÉ

La *marée* est une élévation et un abaissement périodiques des eaux de la mer.

On appelle *flux* un mouvement d'ascension par lequel le niveau des eaux s'élève pendant 6 h. $\frac{1}{4}$ environ.

Le *reflux* est un mouvement contraire, et d'une durée généralement un peu plus courte.

La *haute mer* est la plus grande élévation des eaux après le flux.

La *basse mer* est la plus faible élévation des eaux après le reflux.

Plus les eaux s'élèvent à la haute mer, plus elles s'abaissent à la basse mer qui suit ; la moyenne donne un résultat à peu près constant, que l'on prend ordinairement pour origine des altitudes.

Le phénomène des marées est dû à l'attraction combinée de la Lune et du Soleil sur la masse liquide du globe.

Les marées ne se produisent que quelque temps après le passage de la Lune au méridien; ce retard est de 36 heures.

Plusieurs causes tendent à modifier le phénomène des marées : 1° l'étendue des mers; 2° les positions respectives de la Lune et du Soleil; 3° la distance de la Lune et du Soleil à la Terre; 4° la configuration des côtes, la direction des vents, etc.

On appelle *établissement du port* un retard constant qu'éprouve la pleine mer dans ce port sur le passage de la Lune au méridien.

CINQUIÈME PARTIE

LES PLANÈTES ET LES COMÈTES

CHAPITRE I

GÉNÉRALITÉS SUR LES PLANÈTES

§ I

Planètes. — Nombre des planètes. — Satellites. — Planètes intérieures. — Planètes extérieures.

288. **Planètes.** — Les *planètes*[1] sont des astres non lumineux par eux-mêmes qui tournent autour du Soleil en décrivant des orbites elliptiques généralement peu excentriques.

Ces astres ont à peu près le même aspect que les étoiles. On les distingue par l'absence de scintillation et surtout par leur déplacement parmi les étoiles. De plus, les planètes, observées avec une lunette, se voient sous la forme d'un disque dont le diamètre grandit avec la puissance de l'instrument, tandis que les étoiles ne se montrent jamais que comme des points brillants.

289. **Nombre des planètes.** — On connaît aujourd'hui huit planètes principales : Mercure, Vénus, la Terre, Mars, Jupiter, Saturne, Uranus et Neptune.

Entre Mars et Jupiter, il existe un grand nombre de petites planètes qu'on ne peut apercevoir qu'au moyen du télescope; c'est pour cela qu'on les nomme planètes télescopiques.

La Terre n'était pas considérée par les anciens comme une planète. Ils ne connaissaient que Vénus, Mars, Jupiter et Sa-

1 D'un mot grec signifiant *qui erre*.

turne, qui sont très visibles à l'œil nu. Uranus a été découverte en 1781 par Herschell, et Neptune, en 1846, par Leverrier[1].

290. **Satellites.** — Les *satellites*[2] sont des astres qui tournent autour des planètes.

La Terre en a un, c'est la Lune; Mars en a deux, Jupiter quatre, Saturne huit, Uranus quatre, Neptune un. Ces satellites, à l'exception de la Lune, ne sont pas visibles à l'œil nu.

291. **Planètes intérieures. — Planètes extérieures.** — Les *planètes intérieures* sont plus rapprochées du Soleil que la Terre. Ce sont Mercure et Vénus.

Les *planètes extérieures* sont plus éloignées du Soleil que la Terre. Ce sont Mars, Jupiter, Saturne, Uranus et Neptune.

§ II

Lois de Képler. — Attraction universelle. — Perturbations réciproques occasionnées par les planètes dans leur mouvement elliptique. — La Terre est une planète. — Calcul de la quantité dont la Lune tombe sur la Terre en une seconde.

292. **Lois de Képler.** — Képler a démontré que le mouvement des planètes est soumis aux lois suivantes :

1° *Les planètes décrivent des ellipses dont le Soleil occupe un des foyers.*

2° *Les aires décrites par le rayon vecteur qui joint le centre du Soleil à celui de la planète, sont proportionnelles aux temps employés à les décrire.*

3° *Les carrés des temps des révolutions sidérales des planètes sont proportionnels aux cubes des grands axes de leurs orbites.*

Avant Képler, on savait bien que les planètes décrivent des orbites planes, mais on ignorait quelle en était la forme. C'est par l'observation de Mars, longtemps étudié par Tycho-Brahé[3], et dont l'orbite a une assez grande excentricité, que Képler découvrit la première des lois énoncées ci-dessus. Il ne trouva les deux dernières que 17 ans plus tard.

---

[1] Leverrier, astronome français, né à Saint-Malo, en 1811, mort en 1877; il a calculé les tables de Mercure et d'Uranus. C'est dans ce dernier travail qu'il fut amené à découvrir la planète Neptune (voir n° 324.)

[2] Du latin *satelles*, escorte.

[3] Tycho-Brahé, astronome suédois, né en 1546, mort en 1601; il est l'auteur d'un système d'après lequel la Terre serait immobile au centre de l'univers; les planètes circuleraient autour du Soleil, qui lui-même tournerait autour de la Terre.

293. **Attraction universelle.** — Les lois de Képler ont conduit Newton à la découverte du principe de l'*attraction universelle*, dont voici l'énoncé :

Les corps s'attirent en raison directe de leurs masses, et en raison inverse du carré des distances.

Quand les corps ont la forme sphérique, on démontre que l'attraction a lieu comme si toute la masse de chacun était réunie au centre.

Si les planètes n'étaient pas soumises à l'attraction universelle, leur déplacement dans l'espace s'effectuerait en ligne droite ; mais l'attraction exercée par le Soleil modifie à chaque instant la direction de ce mouvement, et retient les planètes dans leur orbite.

294. **Perturbations réciproques occasionnées par les planètes dans leur mouvement elliptique.** — Les lois de Képler s'appliqueraient exactement au mouvement des planètes si le Soleil était seul à exercer une attraction sur elles ; mais il faut aussi tenir compte de l'attraction des autres planètes. Quoique toutes ces attractions réunies soient de beaucoup inférieures à celle du Soleil, elles occasionnent cependant certaines *perturbations* que l'on ne saurait négliger. Ce sont ces perturbations qui font que les orbites des planètes ne sont ni parfaitement planes, ni absolument elliptiques.

295. **La Terre est une planète.** — Nous avons vu (n° 216) que la Terre tourne autour du Soleil et que les lois de Képler s'appliquent à son mouvement. Il est donc hors de doute que notre globe est une planète.

296. **Calcul de la quantité dont la Lune tombe sur la Terre en une seconde.** — Soit AB (fig. 112) l'arc décrit par la Lune en une seconde, AD représente la chute de la Lune sur la Terre en une seconde. En supposant circulaire l'orbite ABC de la Lune et son rayon AT égal à 384436 kilomètres (n° 254) la circonférence ABC sera de 2415488 kilomètres ; elle est parcourue en 27 jours 7 heures 43 minutes 11 secondes, 5 ou en 2360591 secondes et demie (n° 225).

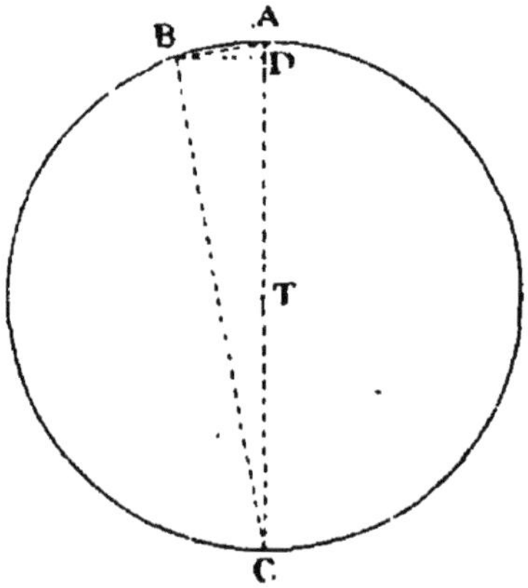

Fig. 112.

L'espace AB parcouru dans une seconde est de $\frac{2\,415\,488}{2\,360\,591,5}$, ou de 1023 mètres environ.

On peut admettre sans grande erreur que l'arc AB est égal à sa corde.

Le triangle rectangle ABC donne : $\overline{AB}^2 = AC \times AD$;

d'où $$AD = \frac{\overline{AB}^2}{AC}, \text{ ou } \frac{1\,023^2}{768\,872\,000},$$

$$AD = 0{,}001\,361.$$

Dans une seconde, la Lune tombe donc vers la Terre d'une quantité égale à environ $0^m{,}001\,361$.

Newton remarqua que ce nombre est 3600 fois plus petit que $4^m{,}9$, quantité dont un corps tombe en une seconde à la surface de la Terre. Or, la Lune étant 60 fois plus éloignée du centre de la Terre que les corps placés à la surface de la Terre, l'attraction sur la Lune doit être 60^2 ou 3600 fois plus petite que sur la Terre.

C'est en étudiant la chute de la Lune sur la Terre que Newton a découvert les lois de la gravitation universelle.

§ III

Conjonction. — Opposition. — Élongation. — Digression. — Nœuds. — Révolutions des planètes. — Éléments des planètes. — Loi de Bode.

297. — **Conjonction. — Opposition.** — Soit S (fig. 113.) le Soleil, immobile dans l'espace, T la Terre, I une planète inté-

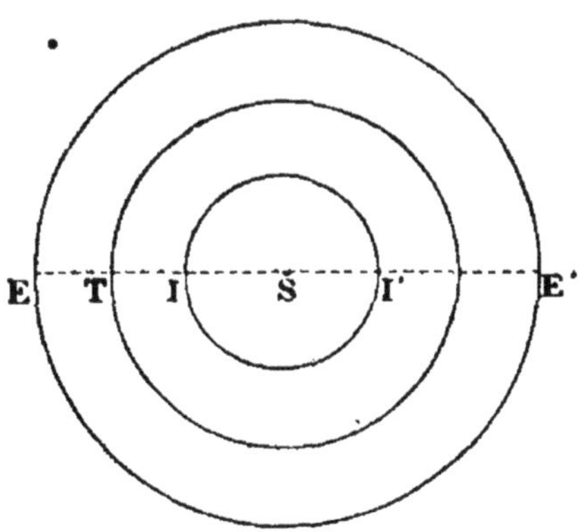

Fig. 113.

rieure, E une planète extérieure. On voit qu'une planète intérieure a deux conjonctions (n° 230), l'une inférieure en I, et l'autre supérieure en I', et qu'elle n'a pas d'opposition; tandis qu'une planète extérieure a une conjonction en E', et une opposition en E.

298. **Élongation.** — On appelle *élongation* la distance angulaire d'une planète et du Soleil vus de la Terre.

L'élongation d'une planète est orientale lorsque l'astre est à gauche du Soleil; elle est occidentale lorsqu'il est à droite.

Lorsque l'élongation est 0° il y a conjonction; lorsqu'elle est 180° il y a opposition.

299. **Digression.** — On appelle *digression* l'angle maximum d'élongation d'une planète intérieure.

La digression est d'environ 28° pour Mercure et 48° pour Vénus. Ces deux planètes ne peuvent donc jamais être en quadrature.

300. **Nœuds.** — Les *nœuds* d'une planète sont les points où son orbite traverse le plan de l'écliptique.

On distingue le *nœud ascendant* et le *nœud descendant*. (n° 222.)

Les nœuds des planètes se déterminent de la même manière que l'équinoxe du printemps (n° 126). Ils subissent un déplacement analogue à celui du point vernal (n° 207).

301. **Révolutions des planètes.** — On appelle *révolution synodique* d'une planète le temps qui s'écoule entre deux de ses conjonctions de même nom.

La durée de cette révolution s'obtient en divisant le temps qui sépare deux conjonctions ou deux oppositions très éloignées par le nombre de conjonctions ou d'oppositions effectuées pendant cet intervalle. On obtient ainsi un résultat plus exact que si l'on observait deux conjonctions ou deux oppositions consécutives, car les erreurs d'observation se trouvent divisées par le nombre de révolutions.

On appelle *révolution sidérale* d'une planète le temps qui s'écoule entre deux passages consécutifs de cette planète au méridien d'une même étoile.

La *révolution périodique* est le temps qui s'écoule entre deux passages consécutifs de la planète au même nœud.

La durée de ces deux dernières révolutions n'est pas égale à cause du déplacement des nœuds.

302. **Éléments elliptiques des planètes.** — On appelle *éléments elliptiques* certaines données dont la connaissance est nécessaire pour déterminer le mouvement des planètes. Ces éléments sont :

1° La longitude du nœud ascendant, ou l'angle de la ligne des nœuds avec la ligne des équinoxes. Cet élément détermine l'intersection de l'écliptique avec le plan de l'orbite de la planète.

2° L'inclinaison de l'orbite de la planète sur le plan de l'écliptique;

3° La longitude du périhélie, qui fixe la position de l'orbite elliptique dans son plan, déterminé par les deux éléments précédents;

4° La distance moyenne du Soleil, qui donne le demi-grand axe de l'ellipse;

5° L'excentricité, qui détermine, avec l'élément précédent, l'orbite elliptique de la planète;

6° L'instant du passage de l'astre au périhélie;

7° La durée de la révolution sidérale de la planète.

Les six premiers éléments sont suffisants; car la troisième loi de Képler permet de calculer la durée de la révolution sidérale d'une planète.

Le 1er, le 3e et le 6e de ces éléments, variant avec les époques, ne sont pas dans le tableau suivant.

Noms des planètes.	Signes.	Inclinaisons de l'orbite sur l'écliptique.	Distances moyennes au soleil.	Excentricité	Durée de la révolution sidérale.	Durée de la rotation.
Mercure	☿	7° 0′ 8″	0,38710	0,20560	87j.,97	24h.50s.
Vénus	♀	3°23′35″	0,72333	0,00684	224j.,70	23h.21m.
Terre	♁	0 0 0	1,00000	0,01677	1 an	23h.56m.
Mars	♂	1°51′ 2″	1,52369	0,09326	1a.,321j.,73	24h.37m.
Jupiter	♃	1°18′41″	5,20280	0,04825	11a.,314j.,84	9h.55m.
Saturne	♄	2°29′40″	9,53886	0,05607	29a.,166j.,99	10h.14m.
Uranus	♅	0°46′20″	19,18329	0,04634	84a., 7j.,39	Inconnue.
Neptune	♆	1°47′ 2″	30,05508	0,00896	164a.,280j.,11	Idem.

303. **Loi de Bode.** — On doit à l'astronome Bode[1] une loi empirique imaginée pour aider la mémoire à retenir les distances des planètes au Soleil.

---

[1] Bode, né à Hambourg en 1747, mort en 1826. On a de lui : *Manuel d'Astronomie*, *Considérations générales sur l'univers*, etc.

A chacun des nombres suivants :

0	3	6	12	24	48	96	192	384

on ajoute 4, et on obtient :

4	7	10	16	28	52	100	196	388

et en divisant par 10 on a :

0,4	0,7	1	1,6	2,8	5,2	10	19,6	38,8

Or, ces derniers nombres représentent sensiblement les distances relatives des planètes au Soleil.

Le nombre 2,8 correspond à la distance moyenne des planètes télescopiques connues.

Le dernier de ces nombres est en défaut, il devrait être 30,05.

§ IV

Mouvement apparent des planètes. — Stations. — Rétrogradations. — Explication du mouvement apparent des planètes intérieures. — Explication du mouvement apparent des planètes extérieures. — Phases des planètes intérieures. — Phases des planètes extérieures.

304. **Mouvement apparent des planètes.** — Si, à des intervalles égaux, on mesure l'ascension droite et la déclinaison d'une planète et que l'on marque sa position sur un globe, comme on l'a déjà fait pour le Soleil (n° 119), on obtient une courbe sinueuse, se dirigeant alternativement vers l'est et vers l'ouest, mais de telle façon cependant que, dans un temps plus ou moins long, la planète fait le tour de la sphère céleste.

305. **Stations.** — Par *stations* des planètes, on entend un arrêt apparent dans leur mouvement sur la sphère céleste.

306. **Rétrogradations.** — On appelle *rétrogradation* la marche d'une planète dans le sens rétrograde.

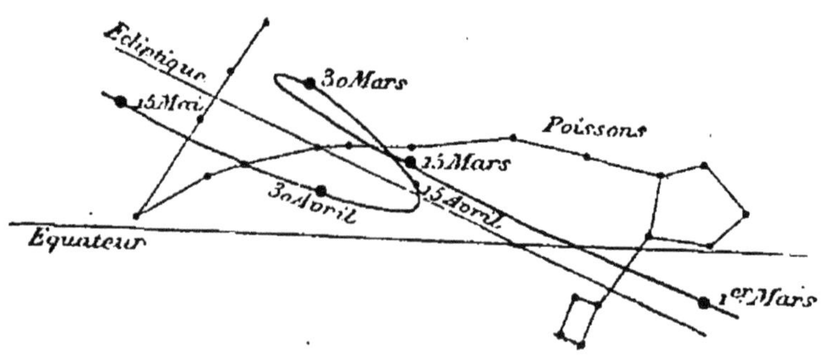

Fig. 114.

La figure 114 représente la marche apparente de Mercure pendant les mois de mars et avril 1873. La figure 115 donne les apparences du mouvement de Vénus en mars, avril, mai et juin de la même année.

Ces irrégularités dans le mouvement des planètes proviennent

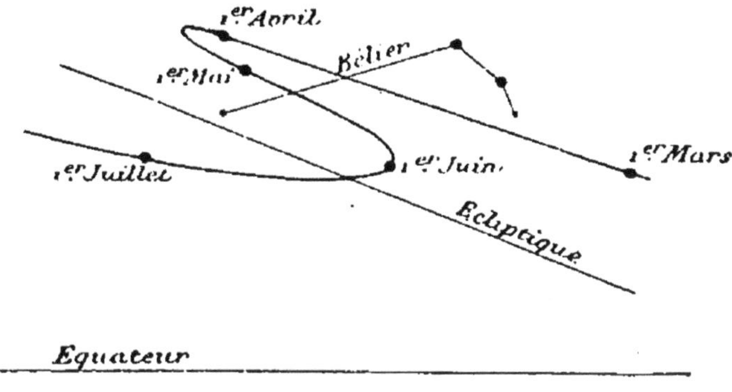

Fig. 115.

de ce que la Terre, qui est notre lieu d'observation, ne se trouve pas au centre de ce mouvement. Ces apparences s'expliquent facilement par le mouvement des planètes autour du Soleil.

307. **Explication du mouvement apparent des planètes intérieures.** — Pour expliquer plus facilement le mouvement apparent des planètes, supposons les orbites circulaires et les mouvements uniformes.

Soit S le Soleil (fig. 116), P l'orbite d'une planète intérieure, T l'orbite de la Terre. La planète se meut dans le même sens que la Terre avec une vitesse plus grande, les apparences ne seront pas changées si l'on suppose la Terre immobile et si l'on donne à la planète une vitesse égale à la différence des deux vitesses.

La planète étant en P se projette en p sur la voûte céleste. Quand elle va de P vers P_1, P_2, P_3, elle paraît se déplacer vers p_1, p_2, p_3, avec une vitesse qui va en diminuant. Pendant que la planète décrit l'arc voisin du point P_3 elle paraît immobile sur la tangente TP_3. C'est une *station*.

La planète va ensuite de P_3 en P_4. Sa projection marche de p_3 vers p dans un sens contraire au précédent. Le mouvement est *rétrograde* avec une vitesse croissante jusqu'en p où elle devient maximum. La vitesse de la projection se ralentit pendant que la planète va de P_4 en P_5 où se fait une nouvelle station.

Pendant que la planète va de P_5 en P sa projection va de p_5 en p dans le sens direct avec une vitesse croissante jusqu'en p où elle atteint un nouveau maximum. Les mêmes variations se reproduisent.

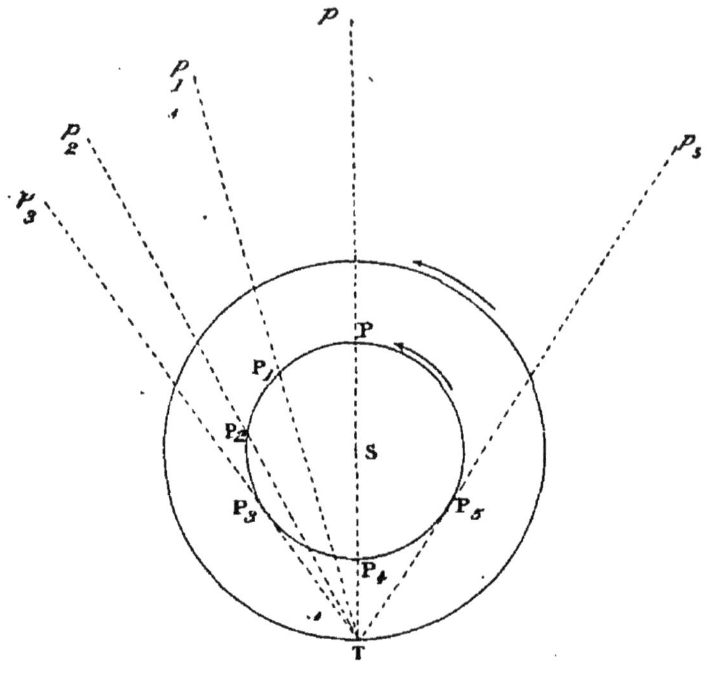

Fig. 116.

Les différences entre les mouvements observés et ceux que nous venons d'expliquer proviennent de ce que les vitesses des planètes ne sont pas uniformes et de ce que leurs orbites ne sont ni circulaires ni dans un même plan.

En réalité, l'arc direct est beaucoup plus grand que l'arc rétrograde parce que le mouvement de la Terre, qui se fait dans le sens direct, accroît le premier et diminue le dernier.

Ainsi Mercure emploie 93 jours pour parcourir l'arc direct et 23 pour l'arc rétrograde; Vénus, 542 jours pour l'arc direct et 42 pour l'arc rétrograde.

308. **Explication du mouvement apparent des planètes extérieures.** — La vitesse de la Terre étant plus grande que celle de la planète, supposons la planète immobile et donnons à la Terre une vitesse égale à la différence des deux vitesses.

Lorsque la Terre est en T' (fig. 117), la planète P est en conjonction; et si la lumière du Soleil ne la rendait pas invisible, on la verrait dans le ciel en p''. Pendant que la Terre parcourt l'arc $T^{V}T$, la planète nous paraît s'avancer dans le sens direct, de p'' vers p, en ralentissant sa marche. En p, elle paraît stationnaire. A mesure que la Terre décrit l'arc $TT''T^{IV}$, la pla-

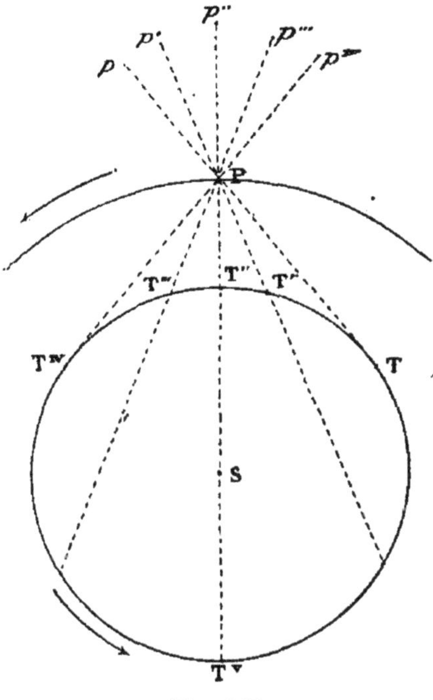

Fig. 117.

nète semble se mouvoir dans le sens rétrograde de p vers p^{IV}. A l'opposition, la Terre étant en T'', la planète se projette en p'', milieu de l'arc de rétrogradation. Quand la Terre arrive en T^{IV}, la planète semble de nouveau stationnaire en p^{IV}; elle reprend ensuite son mouvement direct de p^{IV} vers p, pendant que la Terre décrit l'arc $T^{IV}T^{V}T$.

En rendant à la Terre et à la planète leurs vitesses respectives, les apparences seront les mêmes; seulement, les conjonctions, les stations et les oppositions auront lieu dans des régions différentes du ciel, les périodes de mouvement direct seront prolongées, et celles de mouvement rétrograde, diminuées.

309. **Phases des planètes intérieures.** — Les planètes n'ont qu'une moitié de leur surface éclairée par le Soleil. Lorsqu'une planète intérieure est à sa conjonction inférieure, elle tourne vers la Terre son hémisphère obscur; elle est donc invisible pour

nous. Lorsque la planète est arrivée en P′ (fig. 118), nous l'apercevons sous la forme d'un croissant. En P″, la moitié de l'hémisphère éclairé est tournée vers la Terre; c'est le premier quartier;

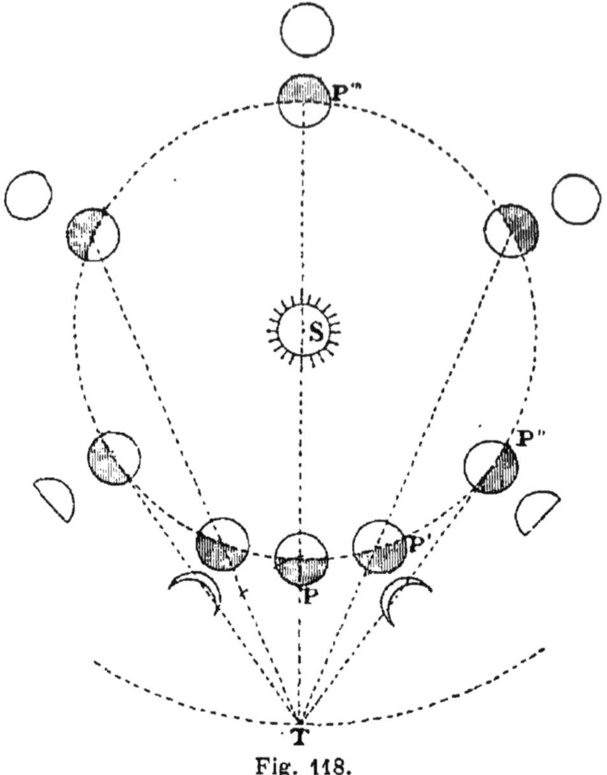

Fig. 118.

enfin, de P″ à P‴, la partie éclairée, tournée vers la Terre, est de plus en plus considérable. A la conjonction supérieure, nous apercevrions le disque entier de la planète, si sa lumière n'était pas effacée par celle du Soleil. Pendant le reste de la révolution, les mêmes phénomènes se reproduisent, mais dans un ordre inverse.

Les phases des planètes prouvent que ces astres ne sont pas lumineux par eux-mêmes.

310 **Phases des planètes extérieures.** — L'orbite de la Terre étant renfermée dans celle des planètes extérieures, nous apercevons toujours la plus grande partie de leur disque éclairé. Plus une planète extérieure est éloignée du Soleil, moins ses phases, vues de la Terre, paraissent sensibles.

Mars est la seule planète extérieure dont les phases soient appréciables, et cependant l'échancrure de son disque ne dépasse jamais, même aux quadratures, le huitième du diamètre apparent.

RÉSUME

Les *planètes* sont des astres non lumineux par eux-mêmes qui tournent autour du Soleil en décrivant des orbites elliptiques peu excentriques.

Les planètes diffèrent des étoiles : 1° par leur mouvement propre ; 2° par l'absence de scintillation ; 3° parce qu'elles ont un diamètre apparent qui grandit avec la puissance des lunettes.

On connaît huit planètes principales : *Mercure, Vénus,* la *Terre, Mars, Jupiter, Saturne, Uranus* et *Neptune.*

Entre *Mars* et *Jupiter,* il existe un grand nombre de petites planètes qu'on appelle *planètes télescopiques.*

Les planètes connues des anciens sont : Mercure, Vénus, Mars, Jupiter et Saturne. Uranus a été découvert par Herschell, en 1781, et Neptune par Leverrier, en 1846. La Terre n'était pas considérée comme une planète par les anciens.

Les *satellites* sont des astres qui tournent autour des planètes : la *Lune* est le seul satellite de la Terre ; Mars a deux satellites ; Jupiter, quatre ; Saturne, huit ; Uranus, quatre ; Neptune, un seul connu.

A l'exception de la Lune, ces satellites ne sont pas visibles à l'œil nu.

Les *planètes intérieures* sont plus rapprochées du Soleil que la Terre. Ce sont Mercure et Vénus.

Les *planètes extérieures* sont plus éloignées du Soleil que la Terre. Ce sont Mars, Jupiter, Saturne, Uranus et Neptune.

Le mouvement des planètes autour du Soleil est soumis aux lois suivantes, connues sous le nom de *lois de Képler :*

1° *Les planètes décrivent des ellipses, dont le Soleil occupe l'un des foyers ;*

2° *Les aires décrites par le rayon vecteur sont proportionnelles aux temps employés à les décrire ;*

3° *Les carrés des temps des révolutions sidérales sont proportionnels aux cubes des grands axes.*

Ces lois ont conduit Newton à la découverte du principe de l'attraction universelle qui s'énonce ainsi :

Les corps s'attirent en raison directe des masses et en raison inverse du carré des distances.

Pendant une révolution, les planètes intérieures ont deux conjonctions et jamais d'opposition. Les planètes extérieures ont une conjonction et une opposition.

On appelle *élongation* la distance angulaire d'une planète et du Soleil, vus de la Terre. L'élongation est orientale ou occidentale.

On appelle *digression* le maximum d'élongation d'une planète intérieure.

Les *nœuds* d'une planète sont les points où son orbite traverse le plan de l'écliptique.

La *révolution synodique* est le temps qui s'écoule entre deux de ses conjonctions de même nom.

La *révolution sidérale* d'une planète est le temps qui s'écoule entre deux de ses passages consécutifs au méridien d'une même étoile.

On appelle *révolution périodique* d'une planète, le temps qui s'écoule entre deux passages consécutifs au même nœud.

Par *stations* des planètes, on entend un arrêt apparent dans leur mouvement sur la sphère céleste.

La *rétrogradation* est la marche d'une planète dans le sens rétrograde.

Les planètes ont des phases comme la Lune; mais nous ne pouvons guère observer que les phases des planètes intérieures. Les planètes extérieures nous montrent constamment la plus grande partie de leur hémisphère éclairé.

CHAPITRE II

DÉTAILS PARTICULIERS SUR CHAQUE PLANÈTE

Mercure. — Vénus. — Passage de Vénus sur le Soleil. — Mesure de la parallaxe du Soleil. — Mars. — Planètes télescopiques. — Satellites de Jupiter. — Vitesse de la lumière. — Saturne. — Anneau de Saturne. — Uranus. — Neptune. — Découverte de Neptune. — Éléments physiques des planètes.

311. **Mercure.** — Cette planète est rarement visible parce qu'elle s'éloigne peu du Soleil. Sa digression est de 28°. On ne peut l'apercevoir qu'à l'époque des digressions, le soir, à l'occident, après le coucher du Soleil, ou le matin, à l'orient, avant le lever de cet astre.

A l'époque des conjonctions, cette planète passe quelquefois sur le disque solaire comme un point noir ; on peut alors mesurer facilement son diamètre apparent.

Les irrégularités qu'on observe dans le croissant éclairé ne peuvent provenir que des montagnes. Ces montagnes, plus hautes que celles de notre globe, ont servi à déterminer la durée de la rotation de cette planète.

On pense que l'inclinaison de l'équateur de Mercure sur l'orbite de la planète est de 70° environ, d'où il suit que les zones polaires ont une plus grande étendue que celles de la Terre.

La durée de la rotation est d'un peu plus de 24 heures, et celle de sa révolution sidérale est de près de 88 jours. Son volume est les 0,5 environ de celui de la Terre. Cette planète a une atmosphère assez dense.

312. **Vénus.** — Cette planète est plus éloignée du Soleil que la

précédente; ses digressions varient de 45° à 48° environ. Vénus paraît le matin, à l'orient, avant le lever du Soleil, ou le soir, à l'occident, après le coucher de cet astre. Dans le premier cas, on l'appelle *Lucifer* ou *Étoile du matin*, et dans le second, *Vesper* ou *Étoile du soir*. On l'appelle encore *Étoile du berger*.

Vénus surpasse en éclat les plus belles étoiles; sa lumière est blanche. Elle est quelquefois visible à l'œil nu en plein jour.

La distance de cette planète à la Terre étant très variable, son diamètre apparent l'est aussi; il est de 61″,2 aux conjonc-

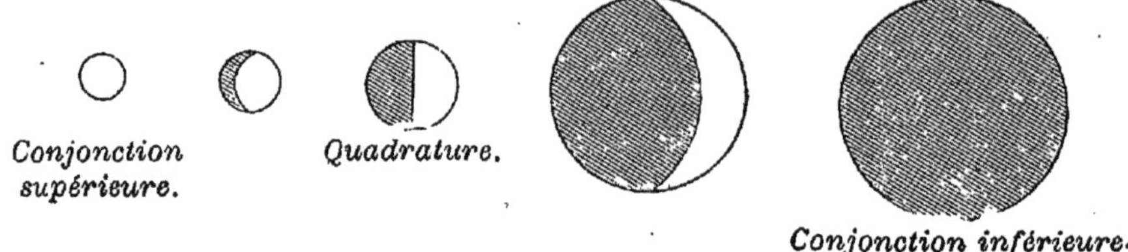

Fig. 119.

tions inférieures, et de 9″,6 aux conjonctions supérieures. La figure 119 donne une idée de ces variations.

Le volume de Vénus est les 0,97 de celui de notre globe; sa distance au Soleil est à peu près les 0,72 de celle du Soleil à la Terre; sa révolution sidérale s'effectue en 225 jours environ; sa rotation se fait en $23^h\ 21^m$ autour d'un axe incliné de 75° sur le plan de l'orbite de la planète. Cette inclinaison doit occasionner de très grandes variations dans les saisons et dans la durée des jours et des nuits. Les zones glaciales ont une très grande étendue.

On a constaté dans Vénus l'existence de montagnes relativement bien plus hautes que celles de la Terre. On pense que cette planète est entourée d'une atmosphère analogue à la nôtre. Vénus a donc beaucoup de ressemblances avec la Terre.

313. **Passage de Vénus sur le Soleil.** — A l'époque d'une conjonction inférieure, lorsque Vénus se trouve près des nœuds de son orbite, on voit la planète passer comme une tache noire sur le disque du Soleil.

Il y a, près de chaque nœud, deux passages, l'un avant, l'autre après l'arrivée de la planète au nœud; ces deux passages sont séparés par un intervalle de 8 ans; mais il faut attendre ensuite 105 ans $\frac{1}{2}$ ou 121 ans $\frac{1}{2}$, suivant que le prochain passage aura lieu près du nœud ascendant, au mois de décembre, ou près du nœud descendant, au mois de juin.

Ces passages périodiques ont été ou seront observés aux dates suivantes : 5 juin 1761 et 3 juin 1769. — 8 décembre 1874 et 6 décembre 1882. — 7 juin 2004 et 5 juin 2012, etc.

Les passages de Vénus jouent un grand rôle en astronomie, parce qu'ils fournissent un des moyens les plus exacts de déterminer la parallaxe du Soleil. Aussi la plupart des nations ont-elles organisé des expéditions spéciales pour observer les derniers passages en 1874 et 1882.

314. **Mesure de la parallaxe du Soleil.** — Soit T (fig. 120) la Terre, et S le disque du Soleil, et vv' perpendiculaire à ST. Si

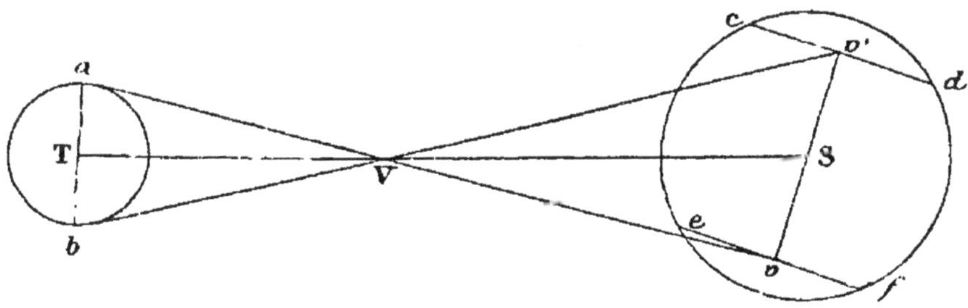

Fig. 120.

l'on fait abstraction du mouvement de rotation de notre globe, deux observateurs, placés en deux points éloignés de la Terre, par exemple, aux extrémités *a* et *b* d'un même diamètre, verront Vénus décrire deux cordes *cd* et *ef*. Ils pourront en obtenir la longueur par la connaissance du temps que la planète aura mis à les parcourir.

De la longueur de ces deux cordes, on déduit celle de leur distance vv', et par suite la parallaxe du Soleil.

En effet, les deux triangles semblables vv'V et abV donnent la proportion :

$$\frac{vv'}{ab} = \frac{Vv}{Va}.$$

Mais on peut, d'après les lois de Képler, calculer, au moment de l'observation, la distance de Vénus au Soleil. Supposons que cette distance soit 0,72. Vénus est donc alors à peu près deux fois et demie plus près de nous que du Soleil; on a donc :

$$\frac{Vv}{Va}=2{,}5; \quad \text{donc} \quad \frac{vv'}{ab}=2{,}50;$$

d'où, en désignant par r le rayon terrestre :

$$vv'=2{,}5\,ab=2{,}5\times 2r=5r.$$

Il suit de là que nous apercevons vv' sous un angle 5 fois plus grand que celui sous lequel on verrait, du Soleil, le diamètre ab; mais l'angle qui mesure vv' étant connu, d'après les observations précédentes, il suffit de le diviser par 5 pour avoir la parallaxe.

L'exposition précédente donne une idée de la méthode que l'on suit, mais non des soins délicats qui sont indispensables dans ces observations, non plus que des laborieux calculs nécessaires.

Nous avons vu (nº 189) que la valeur généralement admise pour la parallaxe du Soleil est 8",86.

315. **Mars.** — Mars est la planète extérieure la plus rapprochée de la Terre. Elle nous apparaît comme une belle étoile

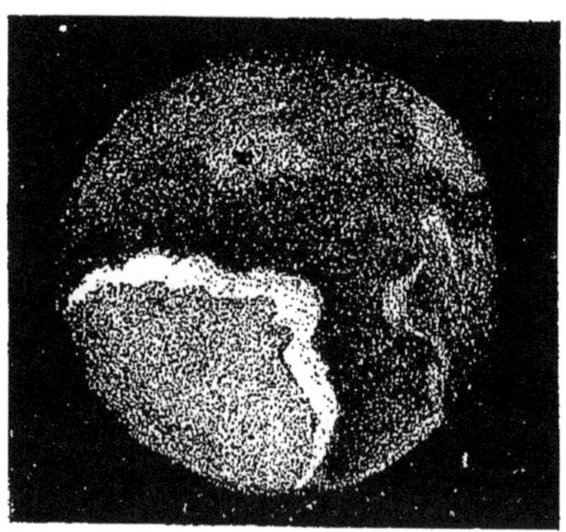

Fig. 121.

rouge de première grandeur. Elle est beaucoup plus brillante à l'opposition qu'à la conjonction.

L'axe de Mars est incliné d'environ 61°18' sur le plan de son orbite, ce qui donne aux jours et aux saisons de Mars beaucoup de ressemblance avec les nôtres.

Vers les pôles de cette planète (fig. 121), on remarque des

parties blanches, dont la grandeur diminue ou augmente, suivant qu'elles sont ou ne sont pas tournées du côté du Soleil; on a supposé que ces parties blanches sont formées par des glaces analogues à celles qui couvrent les pôles terrestres.

On croit aussi que cette planète est entourée d'une atmosphère assez dense.

Mars est environ une fois et demie plus éloigné du Soleil que la Terre. Son volume n'est que les 0,15 de celui de la Terre. Sa révolution sidérale s'effectue en 687 jours, et sa rotation, en $24^h\ 37^m$.

Mars a deux satellites qui ont été découverts en 1877 par Hall, de Washington. Ces deux satellites sont très petits et très rapprochés de la planète principale : le premier, dont le diamètre est à peine de 12 kilomètres, en est seulement éloigné de deux rayons de Mars; le deuxième, dont le diamètre est de 10 kilomètres, en est éloigné de six rayons; ils décrivent des orbites presque circulaires, l'un en $7^h\ 39^m$, et l'autre, en $30^h\ 18^m$.

316. **Planètes télescopiques.** — On connaît aujourd'hui environ 250 planètes télescopiques; la découverte des premières date du commencement de ce siècle, et l'on en découvre fréquemment de nouvelles.

Elles sont situées entre Mars et Jupiter; mais presque toutes sont plus près de Mars que de Jupiter.

Plusieurs sont si petites qu'on n'a pu encore en mesurer le diamètre apparent. Il est probable que leur surface ne dépasse pas celle d'un de nos départements; il y en a cependant de plus considérables, parmi lesquelles *Pallas, Junon, Vesta* et *Cérès,* découvertes de 1801 à 1807, occupent le premier rang.

Leverrier admet que la masse de toutes les petites planètes réunies serait tout au plus égale au quart de celle de la Terre.

Les orbites des planètes télescopiques sont généralement plus inclinées sur l'écliptique que celles des planètes principales. La plus forte inclinaison est celle de *Pallas :* elle est de 34° (fig. 128).

317. **Jupiter.** — Par son volume, l'importance de ses satellites, et son éclat, qui surpasse quelquefois celui de Vénus, Jupiter est une des planètes les plus remarquables.

L'axe autour duquel s'effectue son mouvement de rotation fait un angle de 86°54′ avec le plan de son orbite. A cause de ce peu d'inclinaison, les saisons et la succession des jours et des nuits ne doivent y présenter que de faibles variations. Cette planète tourne sur elle-même en 9 heures 55 minutes environ. On regarde son

Fig. 122.

grand aplatissement comme une conséquence de la rapidité de sa rotation; il est estimé à $\frac{1}{17}$.

Jupiter (fig. 122) est entouré d'une atmosphère. Des bandes parallèles alternativement sombres et éclairées se voient constamment dans le voisinage de l'équateur. On les regarde comme des nuages dont la disposition est due à des vents analogues à nos vents alizés.

Jupiter a un diamètre onze fois plus grand que celui de la Terre. Son volume est près de 1300 fois celui de la Terre; sa densité n'est guère supérieure à celle de l'eau. Il met près de 12 ans pour faire sa révolution sidérale. Il est à peu près 5 fois plus éloigné du Soleil que notre globe.

318. **Satellites de Jupiter.** — Les satellites de Jupiter sont invisibles à l'œil nu, aussi étaient-ils inconnus des anciens; leur

découverte est due à Galilée[1], qui les aperçut pour la première fois en 1610.

On les voit facilement avec une longue vue ordinaire. Ils apparaissent comme des points brillants, dont les positions respectives varient rapidement, à cause de leur mouvement autour de la planète principale.

De même que la Lune, ils mettent le même temps à effectuer une rotation sur eux-mêmes qu'à exécuter une révolution entière autour de l'astre principal, vers lequel ils tournent toujours le même hémisphère.

319. **Vitesse de la lumière.** — Ces satellites, surtout les deux premiers, qui se meuvent dans un plan très voisin de l'orbite de

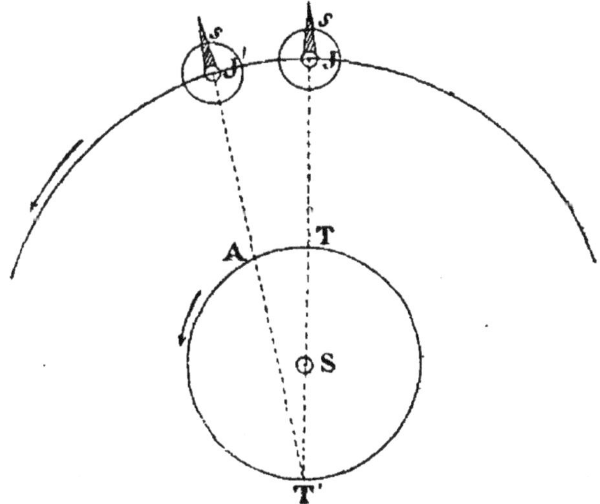

Fig. 123.

Jupiter, passent, à chaque révolution, dans le cône d'ombre que cette planète projette dans l'espace; ils sont alors éclipsés. L'observation de ces éclipses a conduit Rœmer, astronome danois, à déterminer la vitesse de la lumière. Nous allons donner un aperçu de sa méthode.

On sait que le premier satellite de Jupiter effectue sa révolution synodique autour de la planète en 42 h. 28 m. 30 s., 7. Il y aura donc 206 éclipses dans le courant d'une année.

Soient S (fig. 123) le Soleil, T la Terre et J Jupiter. Lorsque

---

1 Galilée, né à Pise en 1564, mort en 1642. Mathématicien, physicien et astronome.

la Terre est près de T, on note exactement le temps où le satellite s'éclipse. La 103e éclipse, qui suivra cette première, arrivera environ six mois plus tard, lorsque la Terre sera en T' et Jupiter en J'. Cette éclipse devrait se produire 42 h. 28 m. 30 s., 7 × 103 ou 182 j. 6 h. 56 m. 42 s. après la première. Or, elle arrive 16 m. $\frac{1}{2}$ après l'heure calculée.

Si la première observation était faite lorsque la Terre est en T', la 103e qui suit aurait lieu lorsque la Terre est en T. Dans ce cas, l'éclipse arriverait 16 m. $\frac{1}{2}$ plus tôt que l'heure calculée.

Or TJ — T'J' égale sensiblement le diamètre TT' de l'orbite de la Terre. On peut voir que le retard ou l'avance représentent le temps que la lumière met à parcourir ce diamètre.

On trouve ainsi que la vitesse de la lumière est d'environ 75000 lieues de 4 kilomètres, ou encore de 300000 kilomètres par seconde.

320. **Saturne.** — Saturne apparaît comme une étoile de première grandeur.

On suppose que cette planète est entourée d'une atmosphère, comme semblent l'indiquer certaines variations d'éclat, et des bandes analogues à celles qui ont été remarquées dans Jupiter.

Saturne est 9 fois $\frac{1}{2}$ plus éloigné du Soleil que la Terre; son volume égale près de 720 fois celui de notre globe; sa densité n'est guère que la moitié de celle de l'eau; sa rotation très rapide, 10 h. 14 m., explique son aplatissement, $\frac{1}{10}$, le plus grand qui ait été observé; sa révolution sidérale s'effectue en 29 ans 167 jours environ autour d'un axe qui fait un angle de 64° 18' avec le plan de l'orbite.

321. **Anneau de Saturne.** — Saturne est surtout remarquable par l'anneau qui l'entoure. Cet anneau, qui n'est pas visible à l'œil nu, est d'une faible épaisseur, très large, et se confond à peu près avec le plan de l'équateur de la planète. Comme nous le voyons presque toujours obliquement, il nous apparaît sous une forme elliptique, et la planète, avec son anneau, se montre telle qu'elle est représentée par la figure 124.

Quelquefois on ne voit que le profil de l'anneau, sous la forme d'une simple ligne droite passant par le centre du disque, au delà duquel elle se prolonge de part et d'autre. Il arrive aussi, une fois tous les 15 ans, que son plan passe entre la Terre et le

Fig. 124.

Soleil; il est alors invisible, parce qu'il tourne vers nous sa face située dans l'ombre; Saturne apparaît à ce moment comme une planète ordinaire, mais sur laquelle on distingue l'ombre projetée par l'anneau.

L'anneau de Saturne est divisé en deux parties concentriques et inégales, séparées par une ligne obscure, plus rapprochée du bord extérieur que du bord intérieur. On observe d'autres divisions secondaires, mais non permanentes, ce qui semblerait indiquer que cet anneau est composé d'une matière fluide. De plus, on a constaté que ces anneaux tournent autour de Saturne en 10 heures $\frac{1}{2}$ environ.

M. Faye a trouvé les dimensions suivantes :

Rayon équatorial.	64 000	kilomètres.
Rayon intérieur de l'anneau	94 000	—
Rayon extérieur de l'anneau.	142 000	—

Ce qui donne 48000 kilom. pour la largeur de l'anneau, et 30000 kilom. pour l'espace entre l'anneau et la planète.

Saturne a huit satellites, dont l'un est plus gros que Mars; sept d'entre eux ont une orbite parallèle à l'équateur de la planète.

322. **Uranus.** — Cette planète est rarement visible à l'œil

nu; cependant elle apparaît quelquefois comme une étoile de sixième grandeur; elle est 19 fois plus éloignée du Soleil que la Terre; son volume égale près de 70 fois celui de notre globe; sa densité est à peu près celle de l'eau; sa révolution sidérale dure 84 ans; son aplatissement est évalué à $\frac{1}{11}$.

On n'a pu déterminer la durée de sa rotation. L'aplatissement indique qu'elle doit être très rapide et s'effectuer autour d'un axe très voisin du plan de l'orbite.

Uranus a 4 satellites, qui, par exception, se meuvent en sens rétrograde, suivant des circonférences et dans un plan à peu près perpendiculaire au plan de l'écliptique. L'éloignement en rend l'observation très difficile.

323. **Neptune.** — De toutes les planètes connues, Neptune est la plus éloignée du Soleil. Elle n'est jamais visible à l'œil nu; mais avec une faible lunette, on peut l'apercevoir comme une étoile de huitième grandeur; ce n'est qu'avec des instruments puissants qu'on lui voit un disque sensible; elle est 30 fois plus éloignée du Soleil que nous; son volume est à peu près 55 fois celui de la Terre; sa révolution sidérale dure près de 165 ans. On ne connaît ni la durée de la rotation, ni l'inclinaison de l'axe, ni l'aplatissement.

On ne connaît à Neptune qu'un satellite, dont le mouvement est rétrograde comme celui des satellites d'Uranus.

324. **Découverte de Neptune.** — Après la découverte d'Uranus, on ne tarda pas à s'apercevoir que les mouvements de cette planète ne sont pas tels que les donnait la théorie appliquée au système solaire connu. Quelques astronomes avaient soupçonné l'existence d'une autre planète, dont l'attraction sur Uranus produisait les perturbations inexpliquées.

Leverrier, par des calculs savants, parvint à déterminer les éléments et la place actuelle de la planète soupçonnée. Le 30 août 1846, il fit connaître à l'Académie des sciences le résultat de ses recherches. Aussitôt, les astronomes explorèrent la région du ciel qui leur était signalée, et moins d'un mois après, M. Galle, de Berlin, apercevait Neptune. La position de cette planète différait à peine d'un degré de celle que lui avait assignée l'astronome français.

Une telle découverte est une éclatante confirmation des théories astronomiques.

TABLEAU COMPARATIF DES GRANDEURS RELATIVES DE LA LUNE ET DES HUIT PLANÈTES PRINCIPALES

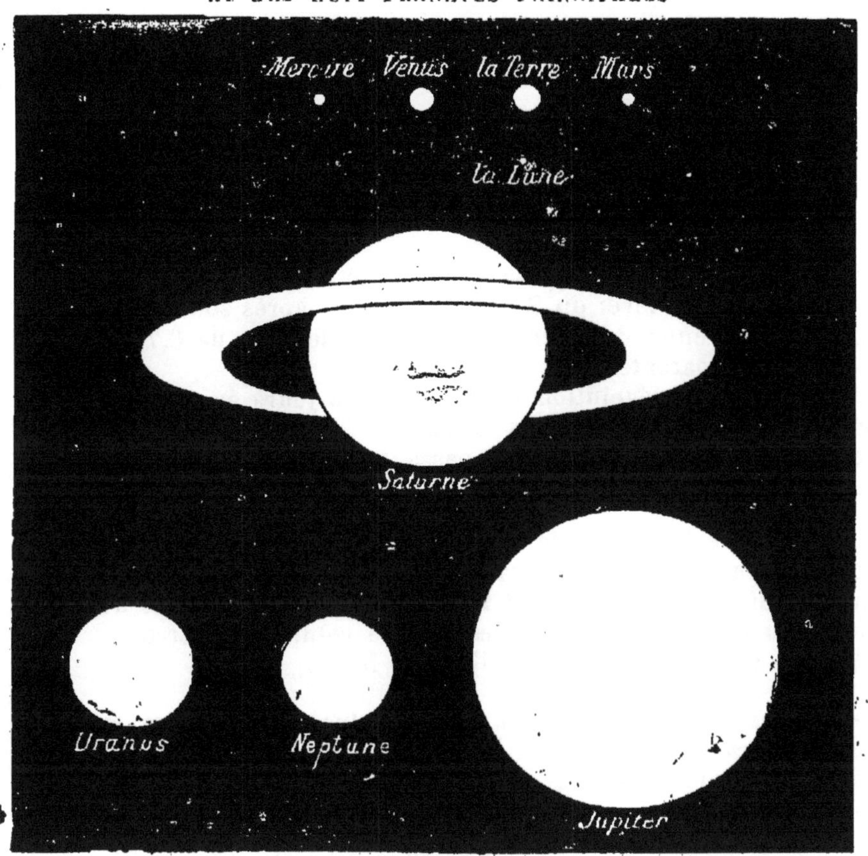

Fig. 125.

ÉLÉMENTS PHYSIQUES DES PLANÈTES

Noms des planètes.	Diamètres.	Volume.	Masse.	Densité.	Pesanteur à la surface.	Chaleur et lumière.	Aplatissement.	Diamètres apparents à la distance moyenne.
Mercure	0,373	0,052	0,061	1,173	0,44	6,7	Insensible	6″,61
Vénus	0,999	0,975	0,787	0,807	0,80	1,9	Id.	17″,55
Terre	1	1	1	1	1	1	$\frac{1}{294}$	17″,72
Mars	0,528	0,147	0,105	0,711	0,38	0,4	Insensible	9″,35
Jupiter	11,061	1279,4	309	0,242	2,25	0,04	$\frac{1}{17}$	196″,00
Saturne	9,299	718,9	92	0,128	0,89	0,01	$\frac{1}{10}$	164″,77
Uranus	4,234	69,2	14	0,195	0,75	0,003	$\frac{1}{11}$	75″,02
Neptune	3,798	54,9	16	0,300	1,14	0,001	»	67″,29

RÉSUMÉ

Mercure. — Cette planète est rarement visible parce qu'elle s'éloigne peu du Soleil; sa révolution sidérale dure près de 88 jours; son volume est un peu plus fort que la moitié du volume de la Terre, et sa distance du Soleil est les 0,4 de celle de la Terre.

Vénus. — Cette planète surpasse en éclat toutes les étoiles; on la voit le matin avant le lever du Soleil, ou le soir, après son coucher.

La distance moyenne de cette planète au Soleil est de 0,72. Ses phases sont très apparentes.

Vénus effectue une révolution sidérale en 225 jours environ; son volume est presque égal à celui de la Terre.

La parallaxe du Soleil se déduit des passages de Vénus sur le disque de cet astre.

Mars. — Mars est la planète qui offre le plus de ressemblance avec notre globe; elle nous apparaît comme une étoile de première grandeur. Sa distance au Soleil est 1,53; sa révolution sidérale dure 687 jours environ; son volume est les 0,15 de celui de la Terre.

En 1877, on a découvert deux satellites de Mars.

Planètes télescopiques. — On en connaît plus de 250; elles sont toutes entre Mars et Jupiter.

Les orbites de quelques-unes de ces planètes sont fortement inclinées sur l'écliptique.

Jupiter. — Jupiter nous apparaît comme une belle étoile de première grandeur.

Des bandes nuageuses qu'on remarque à sa surface semblent indiquer qu'il est entouré d'une atmosphère.

La distance de Jupiter au Soleil est 5,20. Jupiter effectue une révolution sidérale en 12 ans environ; sa rotation rapide explique son aplatissement considérable. Son volume est près de 1 300 fois celui de la Terre.

Les satellites de Jupiter, invisibles à l'œil nu, ont été découverts par Galilée, en 1610. Les éclipses du premier satellite ont servi à trouver la vitesse de la lumière.

Saturne. — Saturne apparaît comme une étoile de première grandeur. Sa distance au Soleil est 9,5; sa révolution sidérale dure 29 ans environ; sa rotation est encore plus rapide que celle de Jupiter; son volume est près de 720 fois celui de la Terre.

Saturne est entouré d'un anneau situé dans le plan de son équateur et invisible à l'œil nu. Cette planète a huit satellites.

Uranus. — Uranus est rarement visible à l'œil nu; sa distance est 19; sa révolution sidérale s'effectue en 84 ans environ; son volume égale près de 70 fois celui de la Terre.

Uranus a quatre satellites qui, par exception, se meuvent en sens rétrograde.

Neptune. — Neptune n'est pas visible à l'œil nu; cette planète a été découverte en 1846 par Leverrier. La durée de sa révolution sidérale est de 165 ans; sa distance au Soleil est 30, son volume 55 fois celui de la Terre.

On ne connaît à Neptune qu'un satellite qui se meut en sens rétrograde comme ceux d'Uranus.

CHAPITRE III

COMÈTES ET ÉTOILES FILANTES

Comètes. — Orbites des comètes. — Petitesse de la masse des comètes. — Comètes périodiques. — Comète de Halley. — Comète d'Encke, comète à courte période. — Comète de Gambart ou de Biéla. — Comète de Faye. — Étoiles filantes. — Bolides. — Aérolithes.

325. **Comètes.** — Les *comètes*[1] sont des corps célestes qui décrivent autour du Soleil des orbites ordinairement très allongées. Elles sont presque toujours accompagnées d'une traînée lumineuse.

Les comètes présentent généralement, vers leur extrémité la plus rapprochée du Soleil, une partie plus brillante, appelée *noyau* (fig. 126). Cette partie est entourée d'une nébulosité qu'on désigne sous le nom de *chevelure;* puis vient, dans une direction opposée au Soleil, la *queue* de la comète, qui consiste en une traînée dont l'éclat va en s'affaiblissant. Le noyau et la chevelure forment la *tête* de la comète.

Il y a des comètes qui sont dépourvues de queue, et même de chevelure; on les prendrait pour des planètes si leur mouvement ne les distinguait de ces dernières. Il y en a d'autres qui ont plusieurs queues; quelques-unes n'ont ni noyau ni chevelure; elles ressemblent à des nébuleuses (n° 345). Les queues des comètes paraissent droites ou courbes, quelquefois elles se divisent en plusieurs branches; leur forme varie souvent d'une manière très sensible pendant la durée d'une même apparition.

Tout d'abord, une comète apparaît sous la forme d'une nébulosité ronde, faiblement éclairée, visible seulement à l'aide d'une lunette; mais à mesure qu'elle approche du Soleil, elle devient de plus en plus brillante; le noyau se montre comme

---

[1] D'un mot grec qui veut dire *chevelure*.

une petite étoile; la comète s'allonge dans le sens opposé au Soleil; la queue prend des dimensions de plus en plus considérables et atteint son plus grand développement un peu après son passage au périhélie.

Fig. 126.

La forme particulière des comètes, leur apparition imprévue, leur marche irrégulière, les ont fait longtemps regarder comme l'annonce de grands événements. Aujourd'hui on est assez fixé sur leur nature et sur les lois de leurs mouvements pour que leur apparition n'inspire plus de craintes fondées.

326. **Orbites des comètes.** — La plupart des comètes décrivent autour du Soleil des ellipses très allongées; d'autres paraissent décrire des paraboles. Le Soleil est toujours au foyer de l'orbite. Contrairement à ce qui a lieu pour les planètes, les orbites des comètes font avec l'écliptique des angles de toutes les grandeurs. Quelques comètes ont un mouvement direct; d'autres ont un mouvement rétrograde.

Les comètes sont soumises à la loi des aires; d'où il suit que, au périhélie, leur vitesse angulaire étant à son maximum, nous ne les voyons que pendant un temps très court, leur trop grande distance nous empêchant bientôt de les suivre dans leur course.

327. **Petitesse de la masse des comètes.** — Lorsqu'une comète passe devant une étoile, elle ne l'éclipse pas; elle ne ternit pas même sa lumière. Si l'on pense qu'il suffit de quelques centaines de mètres d'un léger brouillard pour nous cacher le Soleil, on est surpris que la matière des comètes, qui a le plus souvent des milliers de kilomètres d'épaisseur, ne ternisse pas la lumière des étoiles. On peut conclure de là que cette matière est extrêmement raréfiée; le plus léger brouillard est beaucoup plus dense qu'elle.

La comète de Lexell, observée en 1770, dont la période était de 5 ans et demi, a passé entre Jupiter et ses satellites sans altérer leur mouvement. Elle n'a plus été revue depuis. Son orbite a donc été profondément modifiée, ce qui semble indiquer que la masse de cette comète est très petite par rapport à celle des satellites de Jupiter.

328. **Comètes périodiques.** — Les comètes qui ont des orbites elliptiques doivent apparaître périodiquement si rien ne vient modifier leur marche. Mais leur forme si variable ne permet pas de les reconnaître; ce n'est qu'en comparant les éléments des nouvelles comètes avec ceux des anciennes, que les astronomes sont parvenus à découvrir la périodicité de quelques-unes.

Parmi les comètes dont la périodicité a pu être constatée nous citerons celles de Halley, d'Encke, de Gambart ou de Biéla et de Faye.

329. **Comète de Halley.** — Halley[1] est le premier astronome qui ait annoncé la réapparition d'une comète. En 1682, parut un de ces astres dont il calcula les éléments. Il fut frappé de l'analogie des résultats qu'il obtint avec ceux qu'avaient trouvés Képler et Logomontanus[2] pour la comète de 1607, et, avant eux, Apian[3], pour celle de 1531. Il pensa que c'était la même

---

[1] HALLEY, né à Londres en 1656, mort en 1742. On a de lui: *Abrégé de l'astronomie des comètes, Théorie de la variation de la boussole, Tables de la Lune,* etc.

[2] LOGOMONTANUS, astronome danois, né en 1562, mort en 1647; il essaya de concilier les systèmes de Copernic et de Ptolémée, en admettant le mouvement annuel du Soleil et le mouvement diurne de la Terre.

[3] APIAN, astronome allemand, né en 1495, mort en 1551; fut professeur de Charles-Quint, auquel il dédia sa *Cosmographie.*

comète qui reparaissait, après une période de 75 à 76 ans. La différence d'une année fut attribuée aux perturbations occasionnées par les planètes, et aussi aux erreurs d'observation. Halley annonça donc le retour de cette comète pour la fin de l'année 1758 ou pour le commencement de 1759; l'événement justifia la prédiction le 12 mars 1759.

Cette comète a été revue en 1835, et le sera probablement de nouveau en 1910. Son périhélie est entre les orbites de Mercure et de Vénus, et son aphélie dépasse l'orbite de Neptune. Son mouvement est rétrograde.

330. **Comète d'Encke, comète à courte période.** — Cette comète, appelée encore comète des 1 200 jours, fut découverte en 1818, par Pons[1], à Marseille. Encke[2] en calcula les éléments et annonça sa réapparition pour 1822, 1825, 1828, 1832... C'est cette comète qui aurait été observée en 1795 et 1805. Elle avait donc passé plusieurs fois inaperçue; cela se comprend, attendu qu'on ne peut la voir à l'œil nu.

A son périhélie, elle est plus rapprochée du Soleil que Mercure, et à son aphélie, elle n'atteint pas l'orbite de Jupiter.

A chaque retour, on constate que le grand axe de l'ellipse a diminué graduellement, d'où l'on conclut que, après un temps plus ou moins long, cette comète tombera sur le Soleil, à moins que la chaleur de cet astre ne la dissipe auparavant.

331. **Comète de Gambart ou de Biéla.** — Cette comète fut découverte par Biéla, capitaine autrichien, le 27 février 1826, et, dix jours plus tard, par Gambart[3] à Marseille.

Ce dernier en calcula les éléments, qu'il trouva analogues à ceux des comètes vues en 1772 et en 1805, et il fixa la durée de la révolution à 6 ans $\frac{3}{4}$. Cette comète était donc passée plusieurs fois sans être remarquée.

A son périhélie, elle est plus rapprochée du Soleil que la Terre, tandis qu'à son aphélie elle se trouve au delà de Jupiter.

En 1832, cette comète aurait rencontré la Terre si notre globe avait eu un mois d'avance dans son mouvement; depuis lors son orbite a été modifiée de manière à ce qu'une rencontre devienne impossible.

---

1 Pons, né à Peyre (Hautes-Alpes) en 1761, mort en 1831. Il a découvert trente-sept planètes télescopiques.

2 Encke, né à Hambourg en 1791. Sa découverte la plus importante est celle des comètes à courte période.

3 Gambart, né à Cette en 1800, mort en 1836.

En 1846, on vit que la comète de Gambart s'était divisée en deux; en 1852 l'écartement des deux parties avait beaucoup augmenté. Elle n'a plus reparu depuis.

332. **Comète de Faye.** — Cette comète a été signalée en 1843 par Faye, qui annonça son retour après 7 ans $\frac{1}{2}$.

Cette comète se meut dans le sens direct. A son périhélie, elle est plus rapprochée du Soleil que Mercure, et à son aphélie, moins éloignée que Saturne.

333. Les comètes observées sont très nombreuses; beaucoup même passent sans être remarquées. Pendant ces dernières années, on en a observé un certain nombre parmi lesquelles nous signalerons celle de 1881 (fig. 126), dont l'aspect et le spectre ont été particulièrement étudiés. C'est la première comète dont on a pu obtenir une photographie complète.

La figure 127 donne une idée de la grandeur des orbites des planètes, de leurs satellites et de la comète de Halley. La figure 128 représente l'inclinaison sur l'écliptique des orbites des planètes.

334. **Étoiles filantes.** — Les *étoiles filantes* nous apparaissent comme des points brillants qui décrivent dans l'atmosphère une trajectoire lumineuse, d'une étendue très variable, et qui disparaissent rapidement après quelques secondes d'apparition.

On pense que les étoiles filantes sont des corps de très petites dimensions, qui, rencontrant notre atmosphère, s'échauffent par suite de la résistance de l'air, jusqu'à devenir lumineux.

Plusieurs laissent après elles une traînée phosphorescente, résultat de leur combustion; cette traînée ne persiste que pendant quelques secondes. Très rarement elle reste visible pendant quelques minutes.

On admet que l'espace est semé d'une infinité de groupes de petits corps qui forment ce qu'on appelle des *essaims*, des *anneaux*. Quand la Terre passe dans leur voisinage, nous apercevons un grand nombre d'étoiles filantes.

Les étoiles filantes ne se montrent donc pas en égal nombre pendant toutes les nuits. Vers le 10 août et le 13 novembre, elles sont plus nombreuses qu'aux autres époques de l'année. Il arrive parfois que ce phénomène se présente dans de magnifiques proportions, qui lui ont fait donner le nom de *pluie d'étoiles*.

La plupart des étoiles filantes se meuvent dans le même sens. Cependant, par un effet de perspective, la trajectoire des étoiles

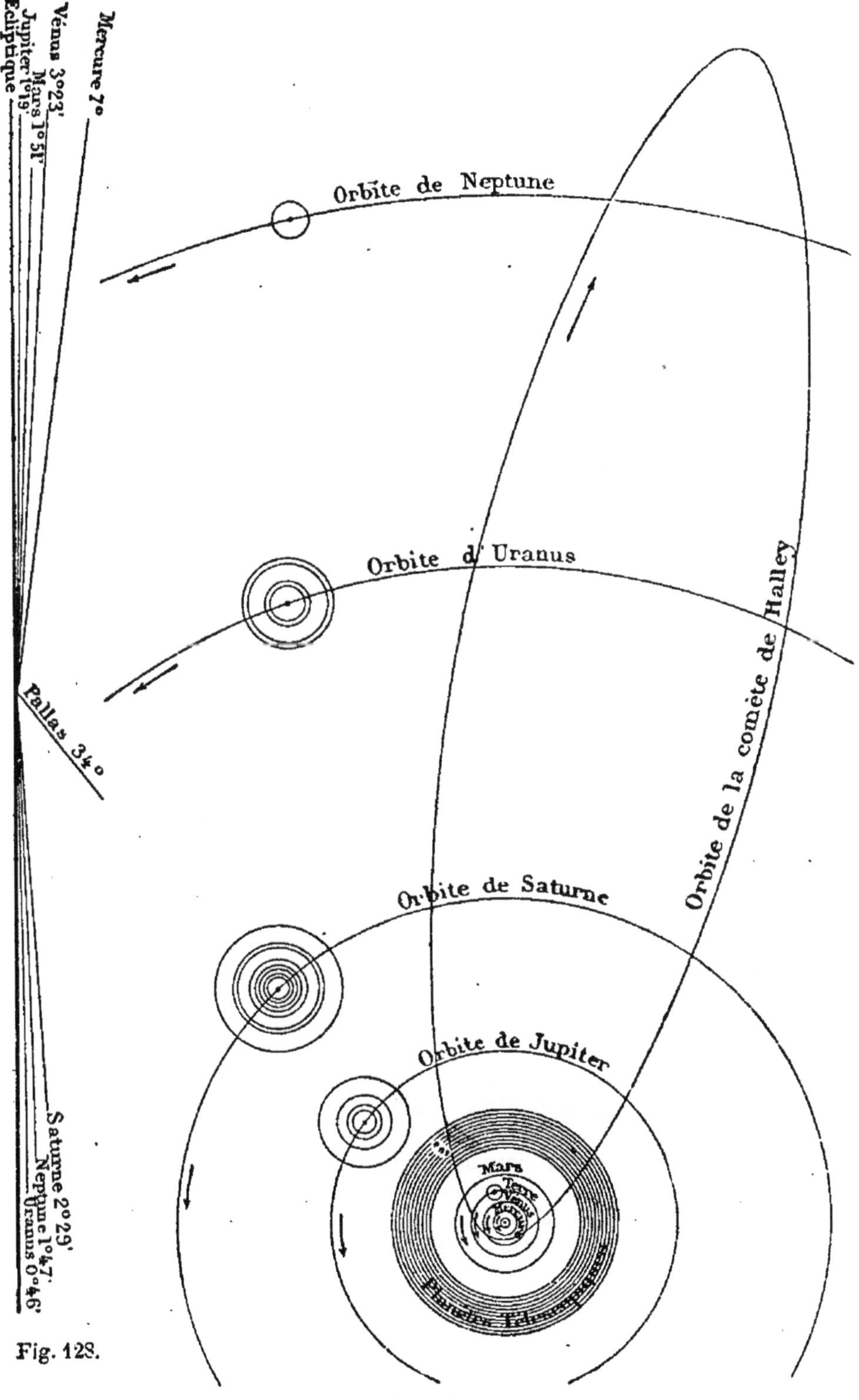

Fig. 128.

Fig. 127.

filantes du mois de novembre, étant prolongée, aboutit généralement aux environs d'Algol, dans la constellation de Persée; celle des étoiles du mois d'août paraît aboutir à l'étoile γ du Lion.

335. **Bolides. — Aérolithes.** — Les *bolides* [1] sont des corps lumineux qui apparaissent et disparaissent subitement comme les étoiles filantes, bien qu'ils soient doués d'un mouvement plus lent. Ils éclatent souvent avec un grand bruit à une très petite distance de la Terre. Les débris qui tombent sur la Terre s'appellent *aérolithes* [2]; ils contiennent du fer, de la silice, de la magnésie, du nickel, etc.

On admet généralement que les bolides ont une origine commune avec les étoiles filantes.

RÉSUMÉ

Les comètes sont des corps célestes qui décrivent autour du Soleil des orbites très allongées et qui sont presque toujours accompagnés d'une traînée lumineuse.

On distingue : 1° le noyau, partie plus brillante que le reste de l'astre; 2° la chevelure ou nébulosité, qui entoure le noyau; 3° la queue, qui est moins apparente que la chevelure et qui est opposée au Soleil.

On a vu des comètes dépourvues de queue et de chevelure. Les queues des comètes affectent différentes formes; leur plus grand développement a lieu peu après le périhélie.

La plupart des comètes décrivent des ellipses très allongées; d'autres semblent décrire des paraboles.

La matière des comètes est si raréfiée qu'elle ne fait même pas pâlir la lumière des étoiles.

Les comètes périodiques sont celles qui réapparaissent à des époques déterminées.

Les étoiles filantes nous apparaissent comme des points brillants qui décrivent dans l'atmosphère une trajectoire lumineuse, et qui disparaissent après une apparition de quelques secondes.

Ce sont des corps de très petites dimensions qui, dans leur mouvement autour du Soleil, rencontrent notre atmosphère, s'échauffent par le frottement de l'air et deviennent lumineux.

On admet que l'espace est parsemé d'une infinité de ces petits corps, réunis en essaims ou en anneaux.

Les bolides sont des étoiles filantes douées d'un mouvement plus lent; ils éclatent souvent très près de la Terre. Leurs débris s'appellent aérolithes.

---

[1] D'un mot grec qui veut dire *jet.*

[2] De deux mots grecs qui veulent dire *air, pierre.*

SIXIÈME PARTIE

GÉNÉRALITÉS SUR LES ÉTOILES ET LES NÉBULEUSES

Parallaxe annuelle des étoiles. — Distance des étoiles à la Terre. — Lumière, couleur des étoiles. — Étoiles multiples. — Étoiles variables. — Étoiles temporaires. — Mouvement propre des étoiles. — Nébuleuses. — Voie lactée.

336. Lorsqu'on essaye de déterminer la parallaxe d'une étoile, en prenant pour base le rayon de la Terre, on trouve que les rayons visuels dirigés des deux extrémités de cette base vers l'étoile sont parallèles, de sorte que la parallaxe semble nulle.

On a pris une base plus grande, l'orbite terrestre.

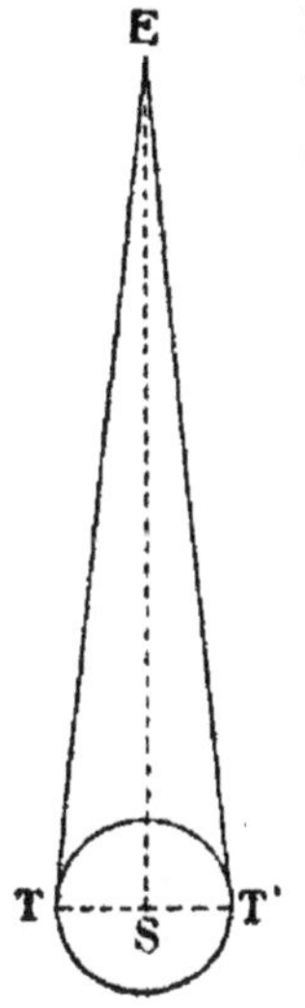

Fig. 129.

337. **Parallaxe annuelle des étoiles.** — On appelle *parallaxe annuelle d'une étoile* l'angle sous lequel le rayon de l'orbite terrestre serait vu de cette étoile.

Le rayon de l'orbite terrestre étant ST (fig. 129), la parallaxe annuelle d'une étoile E est l'angle TES.

338. **Distance des étoiles à la Terre.** — En supposant que la valeur de la parallaxe annuelle soit d'une seconde, le diamètre de l'orbite terrestre, $TT' = 2R$, sera la corde de l'arc de deux secondes, dans le cercle qui a pour rayon la distance D de l'étoile à la Terre.

En prenant 2R pour la valeur de l'arc de 2 secondes, celle de l'arc d'une seconde sera R, et celle de la circonférence :

$$2\pi D = 360 \times 60 \times 60R = 1\,296\,000\ R;$$

d'où $$D = 206\,265\ R,$$

et comme $R = 148\,000\,000$ de kilomètres (n° 190)

$$D = 206\,265 \times 148\,000\,000 = 30\,527\,220 \text{ millions de kilom.}$$

Soit environ 30000 milliards de kilomètres.

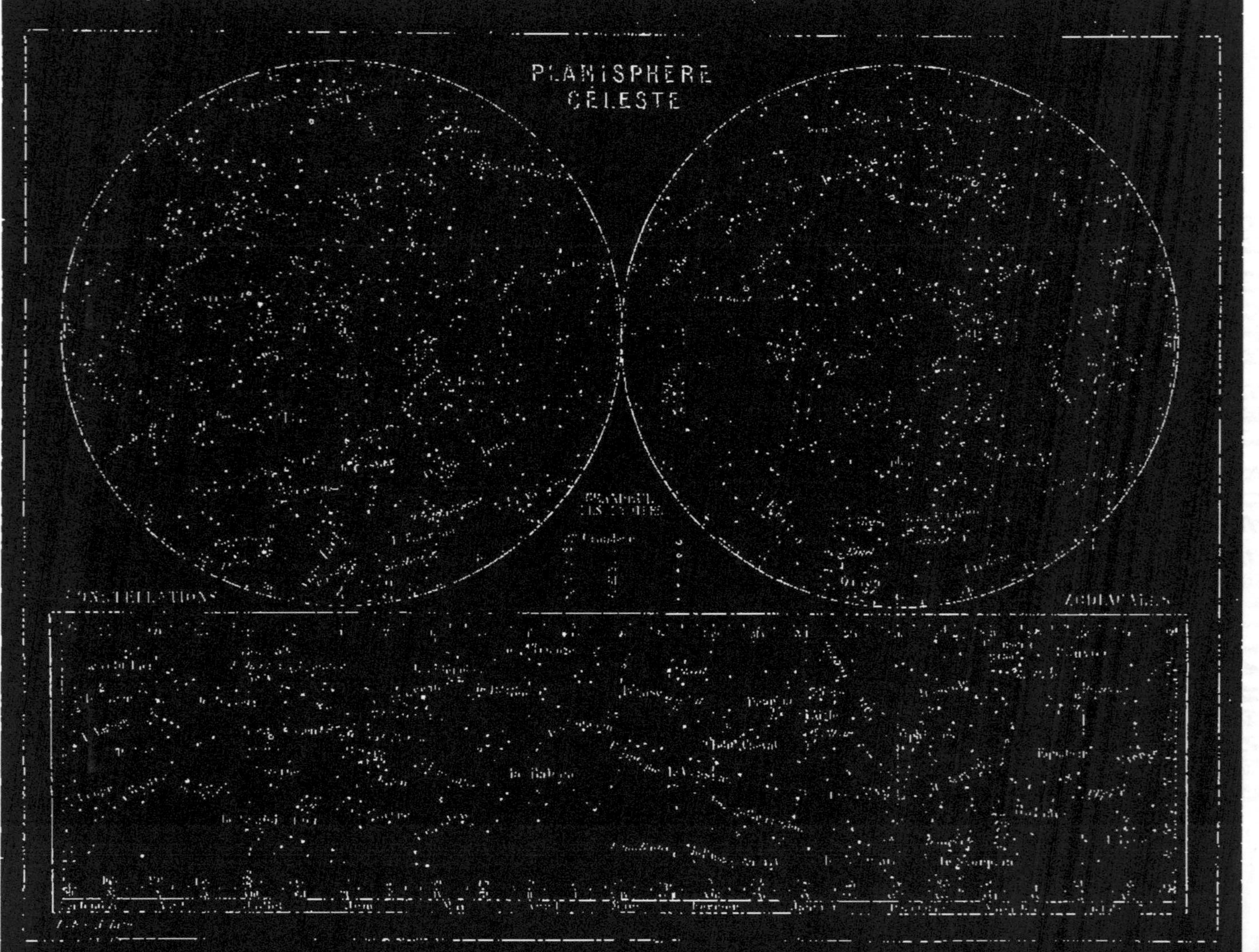
PLANISPHÈRE
CÉLESTE

Puisqu'on ne connaît pas d'étoile qui ait une aussi forte parallaxe annuelle, on peut assurer que les étoiles sont à une plus grande distance que celle qu'on vient de trouver.

La lumière, qui parcourt environ 300 000 kilomètres par seconde, mettrait près de 3 ans et demi pour venir de l'une des étoiles les plus voisines.

Si une étoile s'éteignait, nous apercevrions encore sa lumière pendant plusieurs années.

TABLEAU DONNANT LA VALEUR DE LA PARALLAXE DE QUELQUES ÉTOILES, LEUR DISTANCE, ET LE TEMPS QUE MET LEUR LUMIÈRE POUR ARRIVER JUSQU'A NOUS.

ÉTOILES	PARALLAXE	DISTANCE EN MILLIARDS de kilomètres.	TEMPS que met LA LUMIÈRE DE L'ÉTOILE pour arriver à la Terre.
α du Centaure.	0",91	33,000	3 ans 6 mois.
61e du Cygne.	0",35	85,000	9 ans.
Wéga de la Lyre.	0",26	114,000	12 ans 6 mois.
Sirius.	0",23	130,000	14 ans.
Étoile polaire.	0",11	290,000	31 ans.

339. **Lumière des étoiles.** — Les étoiles ont une lumière propre; peut-être même chacune est-elle un soleil qui éclaire des planètes comme le nôtre, et que leur éloignement nous empêche d'apercevoir.

340. **Couleur des étoiles.** — On remarque des différences dans la couleur des étoiles aussi bien que dans celle des planètes. L'Épi, Sirius, Régulus, Wéga et la plupart des étoiles sont de couleur blanche comme Vénus; la Chèvre, Altaïr, la Polaire et Procyon sont jaunes comme Jupiter; Aldébaran, Arcturus, Antarès et Béteigeuse sont rougeâtres comme Mars; ε de la Lyre est bleue.

Certaines étoiles ont changé de couleur depuis l'antiquité; ainsi, l'étoile Pollux, jaune aujourd'hui, est signalée par les anciens comme ayant une couleur rougeâtre; Sirius aurait passé du rouge au blanc.

341. **Étoiles multiples.** — On appelle *étoiles multiples* des étoiles qui, paraissant simples à l'œil nu, se dédoublent à l'aide

d'une lunette en deux ou en un plus grand nombre d'autres qui sont, le plus souvent, de grandeur et de couleur différentes.

Les étoiles multiples se divisent en *groupes optiques* et en *groupes physiques.*

Les groupes optiques sont formés par des étoiles très éloignées les unes des autres, leur rapprochement n'étant dû qu'à un effet de perspective.

Les groupes physiques se composent ordinairement de deux étoiles tournant autour de leur centre de gravité commun.

Certains groupes physiques sont composés de plus de deux étoiles.

γ de la Vierge, γ du Lion, la 61e du Cygne, Castor, Sirius sont des étoiles doubles.

α et γ d'Andromède, ainsi que μ du Bouvier, sont des étoiles triples; ε de la Lyre est une étoile quadruple; θ d'Orion se décompose en 7 étoiles.

ÉLÉMENTS DE QUELQUES ÉTOILES DOUBLES
D'APRÈS YVON-VILLARCEAU

NOMS	DISTANCE MOYENNE	EXCENTRICITÉ de L'ORBITE	DURÉE de la RÉVOLUTION
ξ de la grande Ourse.	2″,44	0,431	61 ans.
ζ d'Hercule.	1″,25	0,448	36 »
π de la Couronne boréale.	1″,20	0,404	67 »

342. **Étoiles variables. — Étoiles périodiques.** — On appelle *étoiles variables* des étoiles qui ne conservent pas toujours le même éclat. Pour un grand nombre de ces étoiles, le changement est périodique.

Une des plus remarquables sous ce rapport est o de la Baleine. Pendant 15 jours, elle a l'éclat d'une étoile de 2e grandeur; puis, sa lumière décroît pendant 3 mois. Elle reste invisible près de 5 mois, reparaît ensuite, augmente d'éclat pendant 3 mois environ, après lesquels elle atteint de nouveau son maximum de grandeur. La durée d'une période complète est d'environ 334 jours. Cette étoile est connue sous le nom de *Mira* ou la *Merveilleuse.*

Algol de Persée a une période beaucoup plus courte que la précédente. Cette étoile est de 2e grandeur pendant 2 jours 13 heures $\frac{1}{2}$ environ; puis elle décroît en 3 heures $\frac{1}{2}$ jusqu'à la 4e grandeur pour revenir dans le même temps à son maximum d'éclat. La période complète dure 2 jours 20 heures 49 minutes.

Parmi les étoiles variables, il y en a dont la variation a lieu continuellement dans le même sens; ainsi δ de la Grande Ourse, qui avait été classée de 2e grandeur par Flamsteed, est actuellement de 3e grandeur; β du Lion diminue aussi d'éclat. Il y a même des étoiles qui ont entièrement disparu du ciel; telle est la 38e de Persée, que Flamsteed avait classée de 4e grandeur.

343. **Étoiles temporaires.** — De nouvelles étoiles ont quelquefois subitement apparu dans le firmament; ainsi, en 1572, on remarqua dans la constellation de Cassiopée, l'apparition subite d'une étoile dont l'éclat rivalisait avec celui de Sirius. Elle fut même visible en plein jour; mais bientôt sa lumière diminua sensiblement. La nouvelle étoile disparut en 1574 après une apparition de 17 mois. On lui donna le nom de *Pèlerine.*

En 1604 parut, dans le Serpentaire, une autre étoile de 1re grandeur, moins brillante que la précédente, et qui disparut 18 mois après.

La première de ces étoiles a été observée par Tycho-Brahé, et la seconde par Képler.

Des étoiles temporaires ont encore été observées en 1866 et en 1876.

344. **Mouvement propre des étoiles.** — On a reconnu dans plusieurs étoiles un déplacement annuel continu qui ne dépasse pas 8″ par an. Ainsi, le déplacement de la 61e du Cygne est de 5″,12; c'est près de quatorze fois la parallaxe de cette étoile; elle parcourt environ 70 kilom. par seconde.

Les déplacements observés proviennent non seulement du mouvement réel des étoiles, mais aussi de celui de notre système solaire, qui se meut constamment vers la constellation d'Hercule avec une vitesse d'environ 8 kilom. par seconde.

345. **Nébuleuses.** — On appelle *nébuleuses* des taches diffuses et blanchâtres qu'on remarque çà et là dans le ciel.

Plusieurs nébuleuses ont une forme à peu près sphérique, d'autres sont très irrégulières.

Les nébuleuses se divisent en deux catégories : 1° les *nébuleuses résolubles*, c'est-à-dire composées d'étoiles distinctes; 2° les *nébuleuses non résolubles*, qui paraissent formées d'une matière diffuse, désignée sous le nom de *matière nébuleuse.*

La première nébuleuse qui ait été étudiée est celle qu'on voit dans la constellation d'Andromède (fig. 130). Pendant une nuit

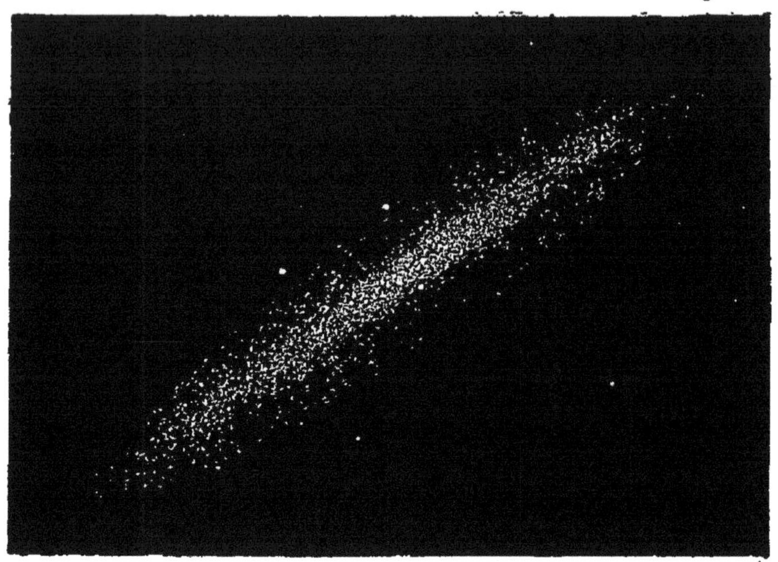

Fig. 130.

obscure et par un temps serein, on l'aperçoit à l'œil nu comme un petit nuage blanchâtre de forme allongée, entre Cassiopée et le carré de Pégase. Cette nébuleuse, signalée dès 1612, n'a été résolue en partie qu'en 1848 par un astronome de Cambridge, qui, à l'aide d'une forte lunette, parvint à y distinguer plus de 1500 étoiles.

Depuis, on a découvert beaucoup d'autres nébuleuses. On en connaît aujourd'hui plus de 5000, très inégalement réparties dans le ciel; 400 environ ont été résolues.

Une des nébuleuses les plus curieuses est celle du *Chien de chasse septentrional.* Cette nébuleuse, étudiée par Herschell, à l'aide d'un petit télescope, lui avait apparu comme une masse circulaire, entourée, à une certaine distance, d'un anneau qui se divisait en deux branches sur une partie de son contour (fig. 131); tout près, en dehors de l'anneau, on apercevait une autre petite nébuleuse à peu-près circulaire. Cette nébuleuse,

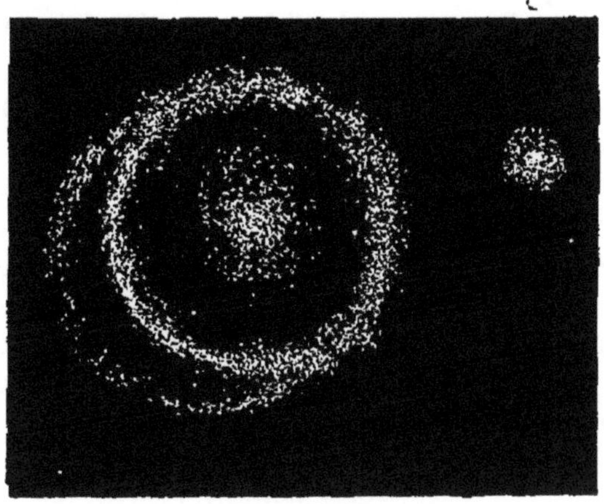

Fig. 131.

vue dans un télescope de deux mètres, a l'aspect représenté par la figure 132.

Fig. 132.

346. **Voie lactée.** — *La Voie lactée*, vulgairement appelée *Chemin de Saint-Jacques*, est cette zone étroite et blanchâtre qui divise la sphère céleste en deux parties, suivant un grand cercle allant du nord-est au sud-ouest. Sa largeur est très variable; elle se partage en deux branches, qui se rejoignent à une distance de 150° plus loin. La Voie lactée est une immense nébuleuse.

En plusieurs de ses points, elle est entièrement résoluble; mais dans un grand nombre d'autres, on voit toujours une lumière blanchâtre non résoluble à travers une multitude d'étoiles que le télescope nous fait apercevoir.

Notre système planétaire semble faire partie de cette nébuleuse.

On pense que la lumière de certaines étoiles de la Voie lactée met plus de 10000 ans pour arriver jusqu'à nous. Notre imagination se perd en présence de l'énorme distance des autres nébuleuses et de la probabilité que chacun des innombrables soleils qui les composent, éclaire, aussi bien que le nôtre, des mondes invisibles pour nous; et nous restons confondus en présence de la puissance de Dieu, qui a créé toutes ces merveilles, et de sa bonté envers l'homme, qu'il a doué d'une intelligence capable de les entrevoir et de les admirer.

RÉSUMÉ

La *parallaxe annuelle* d'une étoile est l'angle sous lequel le rayon de l'orbite terrestre serait vu de cette étoile.

Cette valeur est si petite qu'elle est inappréciable pour la plupart des étoiles.

La parallaxe annuelle a permis de calculer la distance de quelques étoiles.

Les étoiles ont une lumière propre.

On remarque des différences dans la couleur des étoiles.

On appelle *étoiles multiples* des étoiles qui, paraissant simples à l'œil nu, se décomposent, à l'aide d'une lunette, en deux ou en un plus grand nombre d'autres.

Les étoiles multiples peuvent se diviser en *groupes optiques* et en *groupes physiques*.

Les *groupes optiques* sont formés par des étoiles très éloignées les unes des autres, leur rapprochement n'étant qu'un effet de perspective.

Les *groupes physiques* se composent ordinairement de deux étoiles tournant autour de leur centre de gravité commun.

Les étoiles variables sont des étoiles qui ne conservent pas toujours le même éclat. — Plusieurs ont une variation périodique.

On appelle *nébuleuses* des taches diffuses et blanchâtres qu'on remarque çà et là dans le ciel.

On distingue les *nébuleuses résolubles* et les *nébuleuses non résolubles*.

Les *nébuleuses résolubles* sont celles qui, observées avec de forts instruments, se résolvent en un très grand nombre d'étoiles.

Les *nébuleuses non résolubles* sont celles qui paraissent formées d'une matière diffuse désignée sous le nom de *matière nébuleuse.*

La *voie lactée* est une zone étroite et blanchâtre qui divise la sphère céleste en deux parties suivant un grand cercle, allant du nord-est au sud-ouest. C'est une nébuleuse résoluble en plusieurs points.

Notre système planétaire en fait probablement partie.

FIN

ALPHABET GREC

FIGURE.		NOM.	VALEUR.
Α	α	Alpha	a.
Β	β ϐ	Bêta	b.
Γ	γ	Gamma	g.
Δ	δ	Delta	d.
Ε	ε	Epsilon	é (bref).
Ζ	ζ	Dzêta	z, ds.
Η	η	Eta	é (long).
Θ	θ	Thêta	th.
Ι	ι	Iota	i.
Κ	κ	Kappa	c, k.
Λ	λ	Lambda	l.
Μ	μ	Mu	m.
Ν	ν	Nu	n.
Ξ	ξ	Xi	x, cs, gs.
Ο	ο	Omicron	o (bref).
Π	π	Pi	p.
Ρ	ρ	Rho	r, rh.
Σ	σ ς	Sigma	s.
Τ	τ	Tau	t.
Υ	υ	Upsilon	u.
Φ	φ	Phi	ph, f.
Χ	χ	Chi	ch.
Ψ	ψ	Psi	ps.
Ω	ω	Oméga	ô (long).

16669. — Tours, impr. Mame.

www.ingramcontent.com/pod-product-compliance
Ingram Content Group UK Ltd.
Pitfield, Milton Keynes, MK11 3LW, UK
UKHW022055190726
13855UKWH00002B/505